TECNICA

el hombre en su mundo

Ulrich Kirschner

TECNICA

desarrollo, posibilidades y peligros

Círculo de Lectores

Título del original alemán, Technik,
Entwicklung, Möglichkeiten und Gefahren
Traducción, Luis Romano Haces
Layout, Günter Radtke
Producción, Horst Bergmann
Dibujos, Günter Radtke, RS-Werbung
Cubierta, Ramón Ochando

ISBN 84-226-0540-6
Depósito legal B. 13546-1974
Compuesto en Diethelm 9, impreso y encuadernado por
Printer, industria gráfica sa   Tuset, 19   Barcelona
San Vicente dels Horts   1974
Printed in Spain

El mundo del hombre es un mundo técnico

Un obrero que dedique dieciséis horas al día a dar vueltas a una manivela, puede continuar perfectamente esa actividad mientras come, sin temer por su salud. ¿En qué se basa esta afirmación? En que otras personas «trabajan» también durante la comida sin que ello les haga daño —con el tenedor y el cuchillo. Tales argumentos empleaba un médico, consultado oficialmente como experto por el parlamento británico hace unos 150 años. Era una época en la que se hacía trabajar a niños 18 horas diarias en el hilado de la lana; había superabundancia de brazos humanos disponibles y estos eran más baratos que el vapor, y las máquinas —elogiadas por unos y temidas por otros— no desempeñaban aún ningún papel importante. Se trata de esos tiempos pasados que tanta gente suele calificar de «mejores» porque la técnica no había tocado aún la existencia del hombre.

Ese tiempo ha pasado, para siempre. Desde que se inició la era de las máquinas, se ha multiplicado la influencia de la técnica en el hombre, que le debe a ella la casi total exención del duro trabajo corporal y el acortamiento de la jornada laboral, las vacaciones por vía aérea y el auto familiar, la información sin trabas y la comunicación con todo el mundo, el confortable apartamento y el eficiente cuidado de su vejez —es decir: esa participación en la prosperidad característica de los países muy tecnificados.

No puede considerarse hoy ya a la técnica como una «criada muda» encargada de facilitar y sutilizar el trabajo humano. Sus realizaciones son componentes de un sistema dinámico del que no pueden separarse ya si no queremos que todo se venga abajo. Y ese sistema se llama la «humanidad».

En los treinta últimos años la influencia de las ciencias técnicas aumentó de un modo sin precedentes dentro del sistema «humanidad». No existe hoy ya en la práctica ninguna esfera vital que no dependa, directa o indirectamente, de la técnica, y el ritmo de esa evolución se acelera de día en día en alas de inversiones fabulosas en proyectos de investigación. En el curso de unos decenios se han llevado a cabo tareas tan gigantescas como el desarrollo de la fisión nuclear, del viaje espacial, de la electrónica y de la química macromolecular. Ideas y sistemas técnicos que antes maduraban lentamente, a base de siglos, se realizan y abren paso hoy día en pocos años, gracias sobre todo a una enorme profundización y diferenciación dentro del saber de la física.

La explosión científica en todos los campos de la técnica se ha traducido por fuerza en que sólo los superespecialistas puedan abarcar hoy su campo respectivo. Esferas muy vecinas del saber tienen que separarse frecuentemente, debido a que su penetración no es asequible a la humana capacidad de comprensión. Mucho más difícil es todavía la situación para la persona no versada en materia técnica. Sus esfuerzos por hacerse de una idea general se estancan ya a menudo ante el vocabulario especializado.

Este libro está destinado a los no técnicos. No pretende proyectar una visión de conjunto que siga todas las ramificaciones hasta su último detalle. Pero al esbozar las grandes líneas del desarrollo en todos los campos importantes de la técnica de nuestro siglo proporcionará material idóneo para un vistazo general capaz de facilitar la formación de un juicio propio. Se trata de lograr ese juicio. Pues cuanto más intensamente influye la técnica nuestra existencia, más importante resulta para nosotros el oportuno conocimiento de las intervenciones técnicas. Para la técnica de hoy casi todo se va haciendo factible. De nosotros depende cuidar de que sólo llegue a realizar aquellas cosas que sean útiles para la humanidad.

1

La técnica es el esfuerzo por ahorrar esfuerzos

El título de esta página es una cita. Es original del filósofo español Ortega y Gasset. El diccionario es más prosaico. Define la técnica como "conjunto de procedimientos y recursos de que se sirve una ciencia o un arte". Hace unos 2,5 millones de años, el primer hombre primitivo aguzó un pedazo de piedra para hacer de él un hacha de mano, creando así el primer instrumento de la historia de la técnica. Hace unos 500.000, el hombre aprendió a emplear el fuego. También la técnica de hoy día trabaja sobre las bases del instrumento y la energía–tanto en el más moderno laboratorio nuclear como en el taller de vidriería indígena de Massaga en Nigeria (foto).

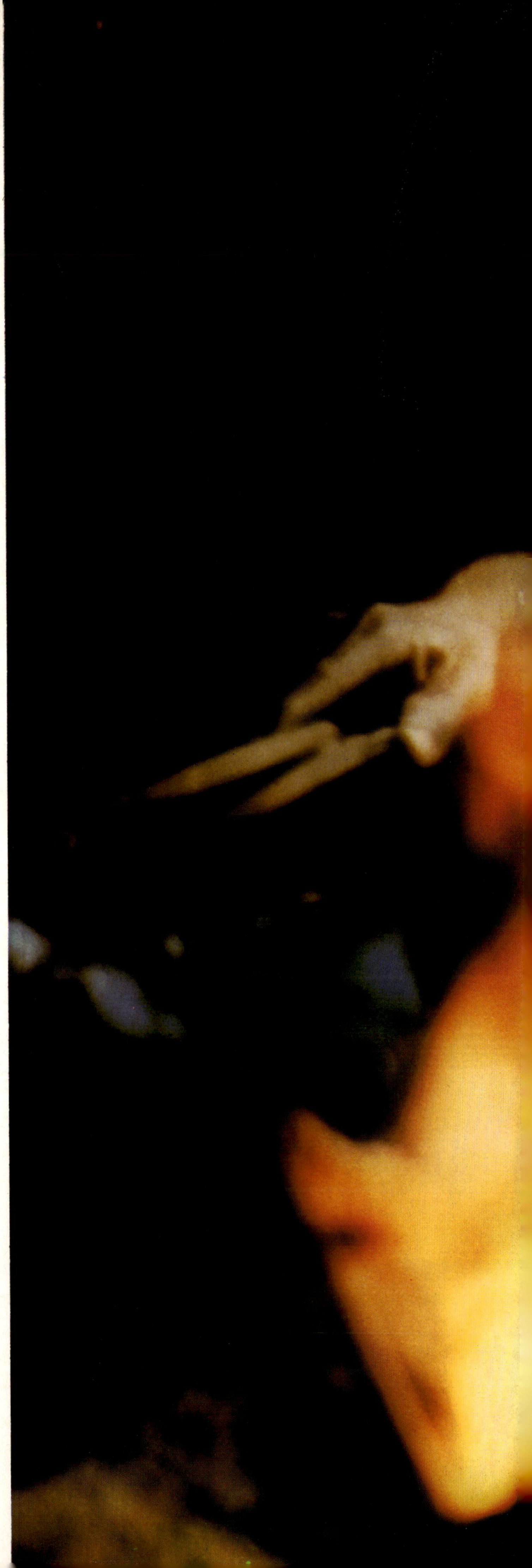

El primer fabricante de herramientas vivió en Africa hace 2,5 millones de años

Las enormes construcciones de la cultura megalítica (arriba, la nuraga de S. Antine, en Torralba, Cerdeña) compuestas de enormes bloques, nos plantean aún muchos enigmas: ¿Cómo fueron cortados, movidos y levantados hasta 20 m de alto esos grandes bloques?

El sílex empleado en los instrumentos tallados del paleolítico, es más duro que el vidrio. Dcha.: Un hacha de piedra (centro) y numerosos arpones y puntas de flecha, de unos 6000 años de antigüedad, hallados en las regiones alemanas de Franconia y Baviera.

A menudo se menciona nuestro siglo como la «Era de la técnica». Ello es cierto si atendemos a que el ritmo de desarrollo de la técnica nunca ha sido tan rápido como en nuestra época. Tampoco se dio en siglos anteriores una invasión tan completa de la existencia humana por parte de los logros de la misma.

Pero la técnica no es ningún invento de nuestro tiempo. Existió ya desde los comienzos mismos de la historia de la humanidad. Ayudó a aquel ser tan desvalido que era el hombre a enseñorearse de la propia existencia, ampliando sus posibilidades orgánicas. Las continuas innovaciones técnicas produjeron ese cambio incesante de las condiciones del medio humano que llamamos evolución cultural de la humanidad.

Como integrante de la cultura, la técnica se relacionó siempre con los cambios de todas las demás esferas culturales, desarrollándose al igual que ellas en el contexto de fuerzas impulsoras, unas veces en línea recta, otras en forma de saltos.

La historia de la técnica se inició aquel remoto día en que un hombre primitivo no se quiso contentar con el instrumento contundente de la primera piedra que hallaba en el suelo y se puso a darle golpes y golpes hasta hacer de ella una cortante hacha de mano que le permitió desmenuzar madera y abatir animales.

A la luz de la ciencia actual esto debe haber ocurrido hace unos 2,5 millones de años. Jonathan Leakey y sus colaboradores han hallado los instrumentos de piedra más antiguos en los años sesenta, en el famoso barranco de Olduvai, Tanzania. Su autor debe haber sido el «Australopithecus habilis», homínido que habitaba la estepa oriental africana, comía animales y plantas y tenía ya unas manos y pies muy similares a los del hombre actual.

En el curso de cientos de miles de años aquel primitivo instrumento se perfeccionó, transformándose en cuchillos, hachas, raspadores, puntas de lanzas, arpones y otras armas y utensilios hechos por lo general a base de sílex o hueso. Los utensilios de la edad de piedra no fueron desechados hasta que el hombre aprendió a emplear los metales —hace unos 5 000 años. Las edades de bronce y, posteriormente, de hierro relevaron la edad de piedra.

Ya mucho antes, hace unos 500 000 años, había «hecho migas» el hombre con el fuego. En la cueva de Chou-kou-tien (China) correspondiente al «Homo erectus pekinensis» han hallado los excavadores las cenizas de un fogón realmente gigantesco. Muchas generaciones de hombres pekinenses deben haber conservado fuego en ese hogar y aprovechado el calor de sus llamas. Se trataba sin duda de un fuego permanente: la capa de ceniza alcanza seis metros de profundidad, lo que permite deducir que el hombre pekinense no sabía aún encenderlo. Lo procuraron probablemente de un incendio natural, lo llevaron a su gruta y cuidaron de que la llama no se extinguiese nunca.

Las primeras grandes culturas se desarrollaron junto a los grandes ríos, Nilo, Indo, Tigris y Eufrates. Sólo florecieron tras la solución de los problemas hidráulicos. Los diques de contención, canales, conducciones y drenajes planteaban a aquellos arquitectos tareas que requerían el empleo de gigantescas masas humanas, dado que se carecía de instrumentos técnicos. En su construcción y en la de las pirámides intervino sin embargo, al lado de la mecánica, un sorprendente repertorio de conocimientos y cálculos teóricos previos. En correlación con ellos se desarrollaron las matemáticas, la astronomía y la geodesia.

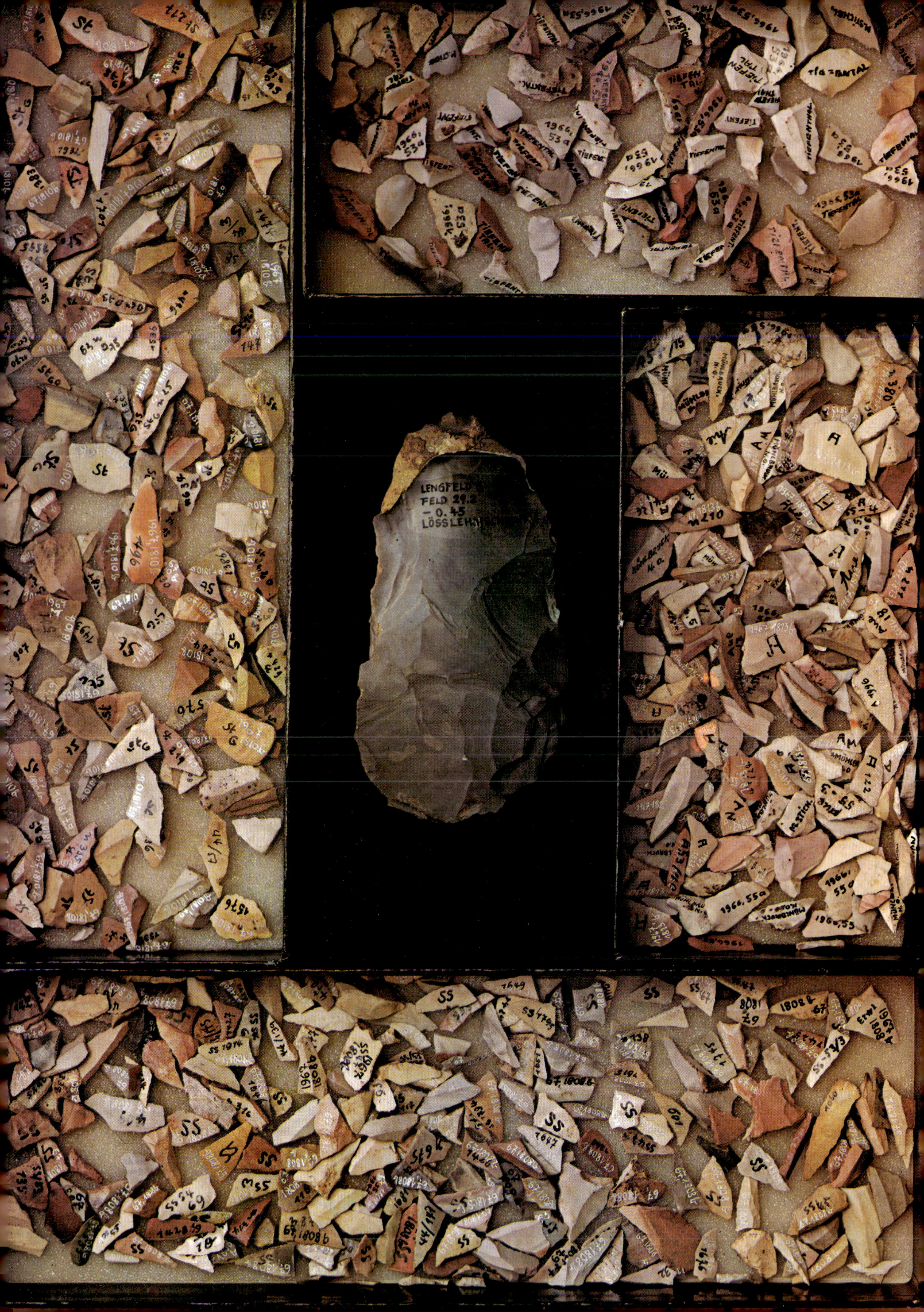
LENGFELD
FELD 29.2
– 0.45

Una genial idea: los sumerios inventan la rueda

Esta representación, la más antigua, de un carro con ruedas, se halla en el denominado «estandarte de Ur» que sirvió de adorno algún día a un «atril». Data de alrededor del año 2500 a. JC. Se aprecia claramente la construcción maciza de las ruedas. Su modelo habían sido los rodillos de tronco.

En las regiones de las grandes culturas del Nilo y Mesoriente se impuso en el IV milenio a. JC. un «arrollador» adelanto técnico. Por ese tiempo inventaron los sumerios la rueda —considerada hasta ahora como el más importante descubrimiento técnico del hombre. Probablemente se originó la rueda maciza de Sumer en los troncos utilizados desde mucho antes como rodillos de transporte pesado a gran distancia.

El carro con ruedas y a tracción animal creo también la base de las relaciones comerciales a distancias mayores. Con gran orgullo menciona el archivo de tablillas de barro del reino de Mari —a orillas del Eufrates, II milenio a. JC.— el hecho extraordinario de que se habían importado especias desde el sur de Arabia en carros de bueyes. Desde Mesopotamia se extendió la rueda por otras muchas tierras de Asia (cultura del Indo, China, pueblos escitas), Europa y Norte de Africa. En cambio, las grandes culturas prehispánicas de América (mayas, aztecas, incas) no utilizaron la rueda. Cierto es que conocieron su principio de funcionamiento, cosa que puede comprobarse en juguetes infantiles descubiertos pertenecientes a las mismas.

Enseguida se reconocieron las posibilidades técnicas de la rueda. En Mesoriente funcionaron los primeros tornos de alfarero hacia el año 3000 a. JC. Apenas ha habido cambios en la forma de las vasijas y platos hechos con ese procedimiento. La rueda permitió también poner en marcha husos y devanaderas, tornos y montacargas, norias y fuelles, molinos de viento y agua. Los primeros engranajes y ruedas dentadas datan del tiempo de los romanos.

Pero los egipcios y mesopotamios conocieron ya el arado de madera. Se trabajaban la lana y el lino en sencillos telares. Tablillas de cera y barro y más tarde hojas de papiro, elaboradas con la médula

de esa planta, y pergamino procedente de animales domésticos sirvieron como material de escritura. El acabado de utensilios de vidrio tropezaba con dificultades. Inicialmente sólo se conocía el método de dejar gotear una mezcla de arcilla en polvo y arena cuarzosa en el vidrio fundido. El molde interno de arcilla se retiraba una vez que se había enfriado la masa de vidrio. Por fin, hacia el comienzo de nuestra era se estableció el soplado del vidrio.

Naves a vela ceñían las costas del Asia Menor y Africa del Norte desde unos 3000 años a. JC. Se utilizaban asimismo naves a remo, impulsadas por esclavos o prisioneros. Las primeras embarcaciones egipcias se componían de haces atados de papiro. En Mesopotamia gozaban gran difusión, sobre todo en la navegación fluvial, pequeñas embarcaciones a base de odres inflados.

En la arquitectura prefirieron los egipcios las grandes masas de roca. Se procedía a calentar bloques enormes, derramando sobre ellos de golpe agua fría: se quebrantaban formando bloques de menor tamaño. Más tarde, los arquitectos del Nilo recurrieron a técnicas más avanzadas: hacían perforar filas de orificios en la roca y aplicar cuñas de cobre que escindían el bloque. También se trabajó ya en las pirámides con sierras de cobre. Junto al Tigris y el Eufrates escaseaba la piedra natural. En cambio había suficiente barro, del que asirios y babilonios hicieron ladrillos, generalmente sin cocer. El costoso ladrillo cocido, revestido a menudo de vidriados en color, se reservaba para los palacios y templos. Así es como las pirámides de Egipto han sobrevivido milenios y, en cambio, las preciosidades de Babilonia y Nínive se convirtieron en su mayor parte en polvo, costando hoy mucho trabajo su reconstrucción ideal.

Cuando, hacia el año 2000 a. JC. después de largas experiencias en el arte de fundir metales del natural, se descubrió la aleación de cobre y estaño llamada bronce, el hierro era ya un viejo conocido. Por esta razón no está justificada hoy día la pulcra subdivisión en edades de bronce y hierro de la época que sigue a la de piedra y se reúne a las dos eras en una «edad de los metales». Si el hierro tardó tanto en imponerse debióse ello a lo difícil de su elaboración: su fusión requiere temperaturas mucho más elevadas que el cobre o el estaño. La técnica del templado del hierro fue descubierta hacia el año 1400 a. JC. por los mitanni, una rama de los hurritas, en la costa suroccidental del mar Negro, aproximadamente en lo que después sería Armenia.

Egipcios construyendo una embarcación de papiro al estilo de sus ancestros (izq). Bautizada con el nombre de «Ra», surcó en ella el Atlántico el investigador noruego Thor Heyerdahl. Demostró así la posibilidad de un puente cultural entre Egipto y Centroamérica.

Unos 700 años a. JC. había ya en Nínive acueductos construidos por el hombre. Los griegos y romanos fueron maestros en la técnica de construcción de arcos, tan vital en este caso. Son famosos los acueductos de «Pont du Gard» en Nîmes (foto) y de Segovia.

Templo de Artemisa en Efeso

Estatua de Zeus en Olimpia

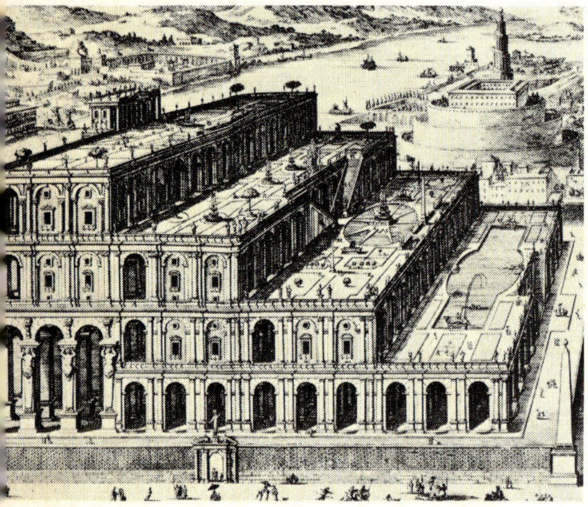

Jardines colgantes de Semíramis

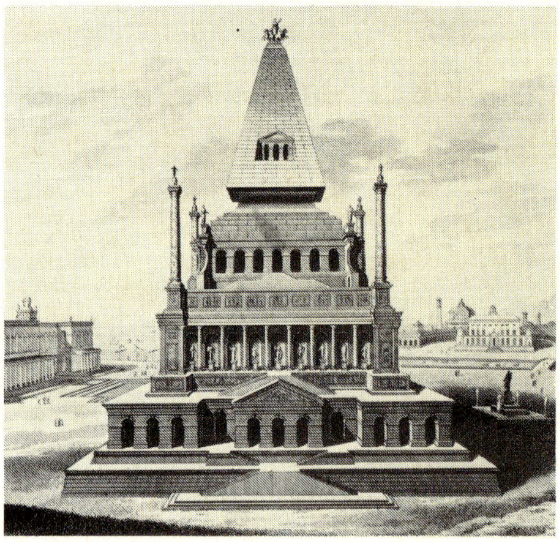

Mausoleo de Halicarnaso

Pirámides de Gizeh

Faro de Alejandría

De las siete maravillas del mundo griego sólo se conserva una: las pirámides de Gizeh

Se dice que los griegos no tuvieron un sentido muy desarrollado para la técnica y el trabajo duro. Preferían habérselas con las teorías y en este campo hicieron maravillas. Citemos simplemente a Euclides (geometría) y Arquímedes (la polea), a Eratóstenes (geodesia) y Apolonio (sección cónica). El trabajo práctico era para ellos cosa de esclavos. Y los había en abundancia. Por lo mismo, en la antigua Grecia apenas se desarrollaron dispositivos o máquinas nuevas encargadas de ahorrar trabajo.

Pero con las técnicas que conocían supieron hacer los helenos multitud de cosas. Sobre todo en materia arquitectónica, lo que explica también su admiración de las grandes realizaciones de esa técnica, alentada por publicaciones como la famosa lista de las siete maravillas del mundo, obra del poeta Antipatro —hacia los años 150 a 120 a. JC.—. Enumeraba Antipatro en esa lista siete construcciones y esculturas que juzgaba especialmente dignas de ser vistas.

A la cabeza estaban las pirámides de Gizeh, levantadas hace unos 4 500 años no lejos de El Cairo, en honor a los faraones Queops, Kefrén y Micerino, de los que hoy no se sabe mucho más que deben haber sido los que ordenaron la construcción de las pirámides que llevan sus nombres. La

de Queops se compone de unos 2,5 millones de m^3 de bloques cortados de piedra caliza. Se cree que unos 100 000 obreros trabajaron veinte años en su edificación. Ultimamente se está extendiendo la opinión de que fueron una medida para resolver el paro al dar empleo a los campesinos durante los meses de inactividad debida a las inundaciones del Nilo.

De las otras seis maravillas de Antipatro no podemos trazarnos hoy una imagen clara. Sobre todo de los jardines colgantes de Semíramis en Babilonia, o del coloso de Rodas que era una estatua de Helios, dios solar, que debió alzarse hasta 30 ó 40 m de altura sobre la entrada del puerto de Rodas. El templo de Artemisa en Efeso, en la costa de Asia Menor, era admirado sobre todo por su tamaño. Se calcula que ocupaba la superficie de un campo y medio de fútbol y presentaba 127 columnas. Las excavaciones han confirmado estas dimensiones colosales.

El Mausoleo de Halicarnaso era un sepulcro destinado a servir de última morada al príncipe Mausolo, gobernador de la provincia persa de Carias. El faro de Alejandría tenía al parecer por objeto indicar el camino a las naves que sorteaban la costa de Egipto. Y la estatua de Zeus en Olimpia era una obra —la última— de Fidias, el insigne escultor griego.

El «coloso de Rodas» era una estatua de Helios, dios del sol. Se dice que se alzaba sobre la entrada del puerto de Rodas —pero nadie sabe qué aspecto tenía. Cincuenta años después de su consagración, un terremoto la precipitó al mar. Los rodios vendieron sus escombros en el extranjero.

Leonardo da Vinci abrió una nueva época de la técnica

Para Leonardo da Vinci, el cuerpo humano se inscribía de un modo ideal a la geometría del círculo y del cuadrado (abajo). Se conservan muchos de sus planos de máquinas, p. ej., el dibujo de un carro «segador» (dcha.), ingenio bélico cuyas guadañas giratorias harían en teoría grandes estragos entre los soldados enemigos.

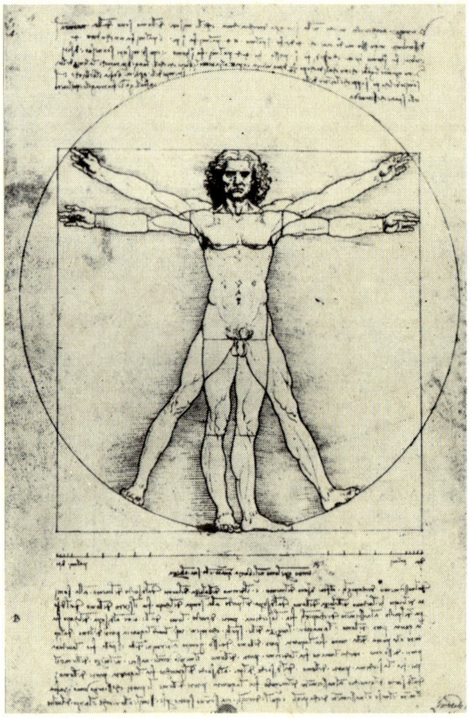

800 hombres y 140 caballos participaron en 1586 en la erección del obelisco de la plaza de San Pedro. Con la ayuda de poleas y malacates fue alzada columna de piedra con sus 327 toneladas de peso y cimentada en el centro del grandioso escenario vaticano.

Las elucubraciones teóricas de los científicos griegos tuvieron vigencia hasta el comienzo de la era de las máquinas. Pero antes hubo dos pueblos que descollaron como sucesores. Los romanos supieron llevar a la práctica muchos de los conocimientos de los griegos. Su red de carreteras fortificada, con un trazado total de unos 50 000 km, unía todos los puntos neurálgicos del imperio y sentó la base para un rápido movimiento del tráfico y las noticias. Fueron también maestros de las traídas de aguas y drenajes. Hay muchos puentes romanos que están todavía en pie. Explotaron minas en todas las tierras conquistadas. Construyeron además muchos y sofisticados ingenios bélicos y sus galeras se hicieron famosas.

En cambio fueron los árabes quienes continuaron la herencia teórico-científica de los griegos. Las bibliotecas y universidades islámicas tuvieron fama mundial. También hicieron los árabes progresos prácticos: introdujeron nuevos métodos en la química, construyeron la primera fábrica de papel y produjeron azúcar de caña. El astrolabio, instrumento para la astronómica medición, se impuso en las rutas navales y hay que agradecer también a los árabes la introducción de la brújula en la navegación mundial.

La edad media europea no fue en el campo técnico una «época sombría», sino un período de grandiosos inventos y descubrimientos. Se hallaron nuevas fuentes de energía. En el siglo X empezó a desplazar el caballo al buey como animal de tiro. La energía hidráulica y eólica impulsaba molinos, sierras, bombas y forjas. La quimiotecnia de los árabes se impuso, tanto en la destilación del alcohol (desde el s. XII) como en otras esferas; es de agradecer a los nuevos métodos la obtención de ácidos y alcalíes, colorantes, jabones y perfumes.

Dos adelantos ejercieron máxima influen-

Los autómatas de construcción ingeniosa estuvieron muy en boga en el renacimiento. Triunfaba la mecánica. El ajedrecista turco (abajo) derrotaba a casi todos sus adversarios. No era un computador. En la caja situada debajo del muñeco se ocultaba una persona.

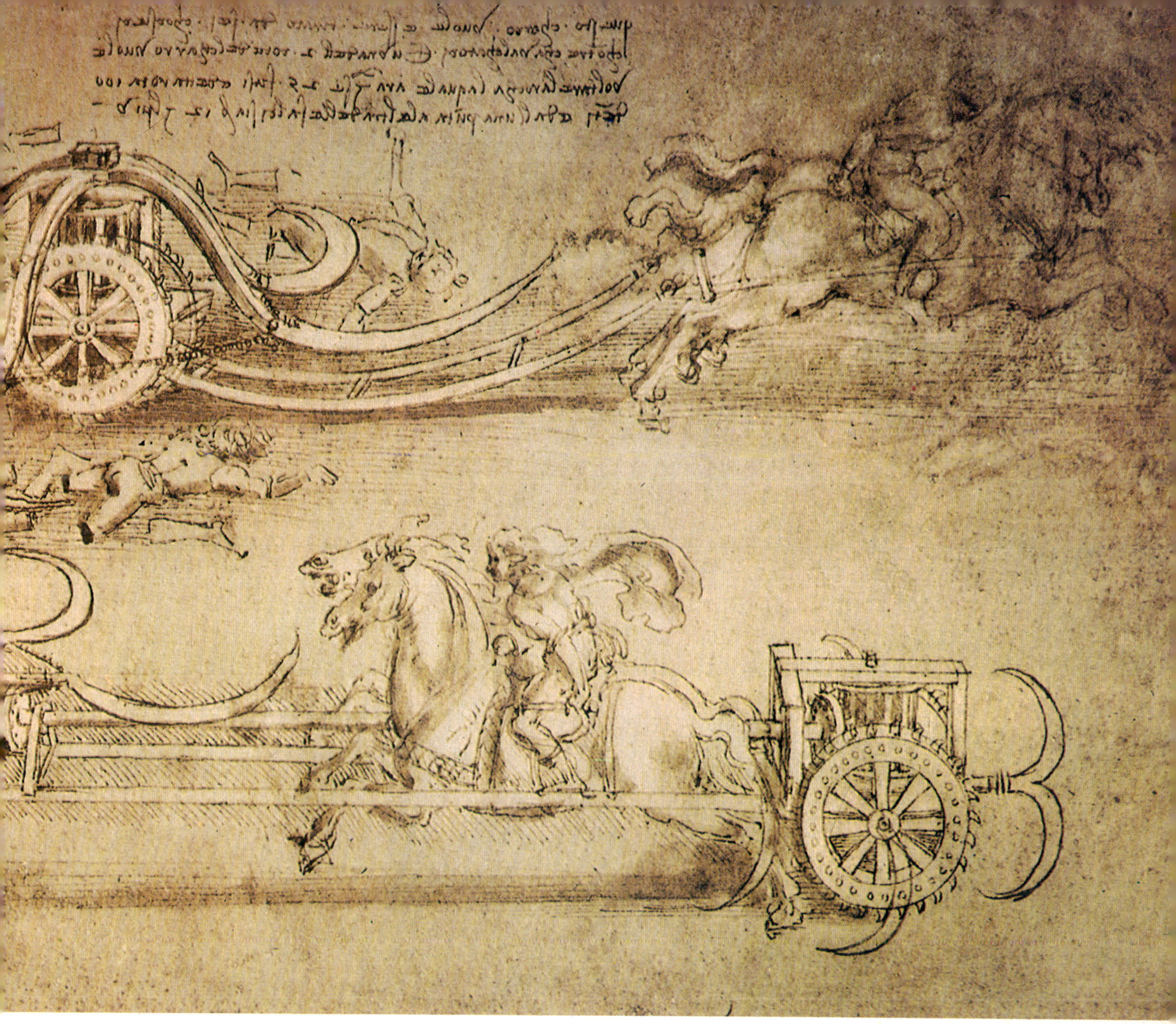

cia en campos opuestos: la pólvora negra sentó las bases de una nueva técnica militar y la imprenta con letras movibles revolucionó el arte de la información. Hacia la misma época llegó a su apogeo el descubrimiento de nuevas tierras: Cristóbal Colón descùbrió América (1492), Vasco de Gama llegó a la India (1497) y Juan Sebastián Elcano circunnavegó el orbe (1521). La práctica y la teoría habían seguido siempre hasta entonces sendas separadas. En el renacimiento por fin, empezó a abrirse paso la idea de que la una era inadmisible sin la otra. El filósofo inglés Francis Bacon habló de una «historia natural experimental», el francés Descartes consideró la naturaleza inanimada como una especie de máquina que funciona exclusivamente según las leyes físicas y matemáticas. El hombre dejó de ser el centro del universo. Lo que se explicaba en la edad media como una intervención directa de Dios, se concebía ahora como un dominio y efecto de las leyes de la naturaleza.

Se considera a Leonardo da Vinci (1452-1519) como el primer técnico que intentó unir la teoría con la práctica —lo que le convierte en el primer técnico de la edad moderna. La posteridad lo conoce sobre todo como pintor y escultor —creador de la «Gioconda» tal vez el cuadro más famoso del mundo, y de otras muchas obras de arte. Parece ser que él daba más valor a sus actividades como ingeniero. Cuando solicitó en 1480 una colocación en la corte de los Sforza en Milán, citaba en nueve puntos sus conocimientos y aptitudes en técnica bélica y civil. Sólo el décimo y último de su escrito aludía a su ofrecimiento de «realizaciones óptimas en tiempo de paz en materia de pintura, escultura y arquitectura».

Leonardo inició en Milán sus estudios teóricos. Publicó tratados sobre arquitectura, anatomía, óptica y mecánica, entre ellos el «Muestrario de elementos mecánicos», obra de enorme importancia en la historia de la técnica. En Milán y más tarde en Florencia trabajó como ingeniero militar y constructor de puentes; estudió el vuelo de las aves y las leyes de la hidrodinámica, se ocupó en la cartografía y los dibujos científicos y en trabajos de geofísica.

En muchos campos se anticipó en grande a su tiempo. Conocemos planos suyos de barcos y carros blindados, de máquinas-herramientas y dragas, aparatos de inmersión y autogiros, paracaídas y sumergibles —y de muchas cosas más. Muchas de sus ideas no fueron realizables porque no respetó las leyes físicas. Pero sus chispazos geniales fecundaron toda una época. La revolución que dentro de la técnica lograron Leonardo y el renacimiento fue tal, que al poco se había invertido la situación de la edad media: la ciencia debía hallar una respuesta para todo.

2

El hombre bajo el embrujo de la técnica

El progreso técnico nos facilita la existencia pero también es capaz de desencadenar fuerzas demoníacas que nos recuerdan el "aprendiz de brujo": el hombre nunca se ve libre de las fuerzas naturales que invocó. Tiene que habérselas con ellas y no puede salirse de su círculo mágico. Grandes inventos han cambiado la faz del mundo y provocado revoluciones, han enriquecido o empobrecido pueblos, haciendo a unos poderosos y a otros impotentes. El influjo de la técnica –simbolizado en esta foto de un modelo electrónico del sistema nervioso central humano– es cada vez mayor.

La primera nave a vela debe de haber surcado las aguas del Nilo hace 5000 años. Fue la precursora de los grandes y esbeltos veleros que surcaron los siete mares hasta que los desplazaron los barcos de vapor. Derecha: El «Preussen», clíper de cinco palos

La técnica hace historia: los inventos cambian la imagen del mundo

Los inventores han hecho más historia que los guerreros y los conquistadores. Poquísimos de ellos han ingresado en la conciencia de la humanidad. De los genios de la prehistoria no sabemos nada. Nadie conoce al inventor de la vela que impulsó a los descubridores en sus periplos hacia nuevas tierras, ni al de la rueda hidráulica, comienzo y llave de la energética, ni al creador de los altos hornos que producen el hierro, fundamento de nuestra civilización, ni al que tuvo la idea de meter pólvora en un tubo de tierro y disparar así balas de plomo. Conocemos sólo los impulsos motores: aliviar y mejorar la existencia, ahorrar tiempo y fuerza, lograr seguridad.

A los creadores desconocidos siguieron los inventores famosos de aquella época que dio a luz gran parte de ese acervo técnico que sigue formando aun hoy día los cimientos de nuestra técnica. Su número es enorme y comprende hombres como Gutenberg (imprenta) y Kepler (telescopio), Guericke (bomba neumática) y Franklin (pararrayos), Watt (máquina de vapor) y Montglofier (globo de aire caliente), Senefelder (litografía) y Wöhler (aluminio), Peral (submarino) y Siemens (dinamo), Nobel (dinamita) y Monier (cemento armado).

Cada uno de estos inventos hizo cambiar el mundo. La máquina de vapor p. ej. inició la era de las máquinas, el dinamo la de la electricidad y sin el cemento armado no podríamos imaginar la técnica arquitectónica de hoy día.

A esos conocidísimos inventores han sucedido de nuevo los talentos anónimos de nuestros días. En la mayoría de los casos un científico técnico no está hoy en condiciones de explorar y probar por si solo todas las posibilidades de una idea. Equipos de especialistas se esconden detrás de las grandes realizaciones técnicas de nuestro tiempo. Ya no hay genios autónomos «inventores» tras los satélites de

Entre los inventos que revolucionaron el mundo, está el de la imprenta. Gutenberg inventó hacia 1445 la composición con letras móviles de metal y la prensa de madera (izq., una reproducción). La técnica de Gutenberg conserva su actualidad aun en nuestros días. Los altos hornos y laminadoras crearon a finales del siglo XIX los fundamentos del tremendo auge de la industria del acero, que a su vez proporcionó el material básico a la irresistible expansión de la técnica mecánica. Esta impresionante representación del interior de una acería de principios de este siglo es obra del pintor alemán Adolf von Menzel

noticias o la máquina fototípica, o el acelerador de protones o la bomba de hidrógeno. Las dificultades que surgen al tratar de alcanzar cada uno de esos objetivos exigen tiempo, dinero y conocimientos especiales a un nivel imposible de alcanzar por una sola persona. La complejidad de cada uno de esos objetivos es tal, que no los puede alcanzar no ya un investigador aislado, que ha sido sustituido por equipos, sino que incluso entre los equipos es necesario dividir la tarea.

Y con todo, también en nuestro tiempo, un invento es el resultado de una lucha entre una idea y el mundo material, en frase de Rudolf Diesel, creador del motor de su nombre.

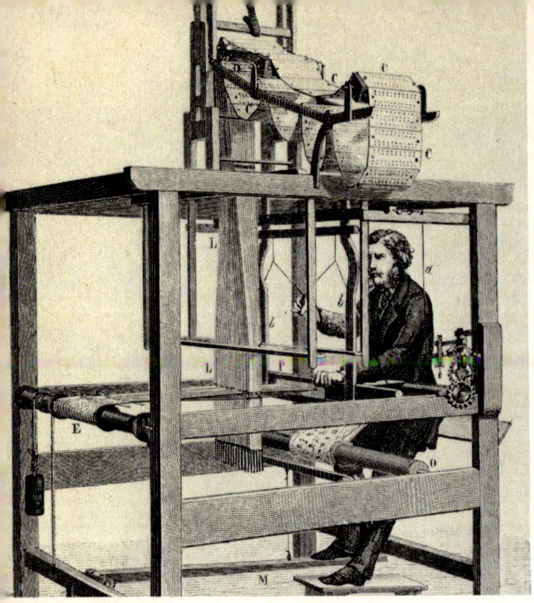

Las revoluciones industriales tienen amplias repercusiones

La mecanización del telar —el grabado de la izq. muestra un telar Jacquard dirigido por tarjetas perforadas del año 1802— provocó en Inglaterra una evolución súbita que señala el comienzo de la era de la industria.

La técnica creada por el hombre puede tener repercusiones en otras esferas además de las técnicas —como en el campo económico, demográfico o sociopolítico. Las épocas de grandes innovaciones técnicas se dan la mano con profundos cambios de la estructura social. Los sociólogos hablan de «revoluciones industriales» cuando investigan las causas de esos cambios. Esa denominación sólo es acertada a medias. Las revoluciones en el campo político suelen efectuarse de golpe. En cambio, las que la técnica provoca suelen requerir bastante tiempo y sus repercusiones no son fáciles de predecir. Por eso es más correcto definir como «umbrales culturales» las épocas de alteraciones estructurales básicas a causa de influjos de la técnica.

Sin duda alguna, el hombre pasó por su primer umbral cultural en aquellos remotos tiempos en que «inventó» las técnicas de la agricultura y la ganadería. El resultado fue el paso de la cultura nómada del cazador a la sedentaria del campesino. Esta última determinó la historia europea hasta fines del siglo XIX.

Una segunda «situación de umbral» con causas predominantemente técnicas se dibujó primero en la edad media, para prolongarse en los siglos siguientes: en las ciudades prósperas se desarrolló una burguesía más o menos independiente, que impulsó sistemática y conscientemente el desarrollo artesano y técnico. Proceden de ese tiempo muchos inventos revolucionarios: el reloj de bolsillo y el torno, el microscopio y la máquina de calcular, el telescopio catóptrico y el autoclave. Al mismo tiempo, la sistematización de la ciencia comenzó a transformar el pensamiento técnico (y con él la panorámica de esa época). Esos cambios prepararon el terreno para un tercer umbral cultural, caracterizado por la industrialización, iniciada por importantes cambios en la industria textil en Inglaterra. Había que mover a mano hasta entonces los tornos de hilar en uso en Europa desde el siglo XIII. El inglés Lewis Paul logró construir un dispositivo que mecanizaba la rueca y en 1767 su compatriota James Hargreaves presentó la famosa «Spinning Jenny», varias ruecas en combinación a cargo de una sola obrera. Pocos años más tarde Richard Arkwright y John Kay construyeron la primera hiladora movida por una rueda hidráulica. Poco ha cambiado hasta ahora en su principio de acción.

En el decenio siguiente lograron John Kay y Edmund Cartwright mecanizar también el telar e impulsarlo mediante la máquina a vapor. Infinidad de obreros de aquella industria quedaron sin trabajo; irrumpieron en las fábricas y destruyeron las máquinas. No lograron detener de ese modo la evolución. Como la demanda de telas superó enseguida la oferta volvió a haber suficientes puestos de trabajo, cierto es que en condiciones abusivas, y así se formó aquel proletariado industrial que iba a cambiar radicalmente la faz de la sociedad. La transformación procedente de Inglaterra invadió pronto el resto de Europa y los EUA y repercute actualmente todavía en los países del Tercer Mundo donde, claro está, se han saltado muchas etapas evolutivas. Por todas partes se for-

Los martinetes artesanales (izq.) tuvieron que dejar paso al progreso técnico en el curso de la revolución industrial. Al correr el tiempo no les quedó otro recurso a infinidad de artesanos otrora independientes que buscar trabajo en una fábrica. Así nació el proletariado industrial que cambió drásticamente el panorama social.

Automóviles en serie —simbolizan el período de automatización de un sinfín de procesos de producción. La destreza manual pierde demanda ante la de técnicos de mente especializada capacitados para controlar las «máquinas pensantes».

maron zonas de aglomeración industrial y grandes centros urbanos. La distribución de la población se alteró. El éxodo rural ha robado muchos brazos a la agricultura.

Por último, se deja notar en nuestros días un cuarto umbral cultural. A la época de los motores ha sucedido la era de las fábricas y oficinas automatizadas. Cada vez hay menor demanda de facultades técnico-manuales y ocupan un lugar preferencial las facultades mentales que permiten ejercer funciones de control en un marco de automatización. No se ha cumplido la «profecía» de que esta evolución iba a acarrear un gran desempleo por culpa del progreso técnico. Sólo ha habido desplazamientos. Los obreros sin trabajo se necesitaron en otras partes. A la vez pudieron reducirse las jornadas laborales. En los países muy tecnificados sólo se trabaja la mitad del tiempo empleado hace unos 100 años. No obstante, la productividad se ha más que duplicado en este tiempo, con lo que los países industrializados se encuentran con nuevos problemas: exceso de producción, concentración de capital, escasez de materias primas, que tratan de resolver con muy diversas medidas, tales como educación al ocio, prolongación de vacaciones, creación de puestos de trabajo no productivos en el sector de servicios, medidas que a su vez cambiarán el panorama de la sociedad.

La evolución industrial se precipita. ¿Están ya a la vista los límites del crecimiento?

La máquina de vapor, símbolo de la era del maquinismo, necesitó bastante tiempo para imponerse en todas partes. Actualmente, con algunas excepciones, sólo podemos hallarla en algún museo. El modelo de la foto (dcha.) se halla en el Deutsches Museum (Museo Alemán) de Munich.

Los primeros intentos de convertir en movimiento la fuerza del vapor fueron obra de Herón de Alejandría 120 años a. JC. El ingenio humano se ocupó por siglos con este problema. Pero fue James Watt el primero que, en 1768, logró construir una máquina de vapor de empleo práctico. Cincuenta años después funcionaban ya más de 5000 máquinas de vapor, sobre todo en Inglaterra. Al comenzar este siglo había en el mundo entero unas 350 000 —en fábricas, locomotoras, locomóviles y «vapores». Como vemos, la motorización a vapor en la industria y el tráfico procedió a un ritmo vertiginoso —si nos atenemos a las proporciones del siglo XIX. Entre la idea de la impulsión a vapor y su realización habían transcurrido en cambio varios siglos. Comparativamente se ha acelerado cada vez más últimamente el ritmo evolutivo de la técnica. El tubo electrónico no necesitó siglos, sino sólo decenios para imponerse totalmente. Los semiconductores no revolucionaron la técnica de las comunicaciones en decenios sino en unos pocos años y no menos galopante ha sido el desarrollo en los campos de la energía nuclear, viajes espaciales, computadores y el láser.

«La ciencia humana es como una esfera que crece sin cesar» dijo ya en el siglo XVII el naturalista y filósofo francés Blas Pascal. «En la medida en que aumenta su superficie, crece el número de puntos de contacto con lo desconocido.»

Desde que Max Planck formuló la teoría cuántica a principios de este siglo y Albert Einstein expuso la teoría de la relatividad, las ciencias naturales han aportado más soluciones de problemas que las que conocemos de todos los siglos anteriores de historia de la humanidad.

Esto atañe sobre todo a la física, que ha experimentado en los últimos decenios un proceso de evolución e integración que no tiene precedente ni tendrá tampoco sin duda repetición, vinculado a una tremenda profundización y diferenciación de los conocimientos físicos y que nos ha permitido apreciar también los probables límites de esta ciencia en lo que respecta a su investigación fundamental.

En el campo de la física aplicada o sea del empleo de las leyes físicas conocidas a la ciencia y la técnica, no se deja ver en cambio ninguna disminución del ritmo de ese proceso evolutivo. El progreso técnico está sujeto a las leyes del crecimiento exponencial (comparable a un cálculo de interés compuesto; en contraposición al «cálculo de interés simple» del crecimiento lineal). El crecimiento exponencial puede llevarnos a un crecimiento geométrico de las magnitudes resultantes; p. ej., las necesidades de energía se duplican cada diez años y la población del globo cada 33 años. Hay científicos que creen necesaria la reducción de ese ritmo. Según su opinión alcanzaremos pronto (es el título de un libro) los «Límites del crecimiento»: si no logramos resolver esos problemas dentro de los diez años próximos, pueden convertirse en insolubles.

Entonces los problemas de todo tipo resultarían a escala universal todavía peores de lo que hoy resultan en las grandes ciudades.

Hace todavía unos años sólo los técnicos conocían la palabra «láser». La concepción de la luz láser como un «rayo luminoso de alta concentración» es un exponente de la continua aceleración del adelanto de la técnica moderna.

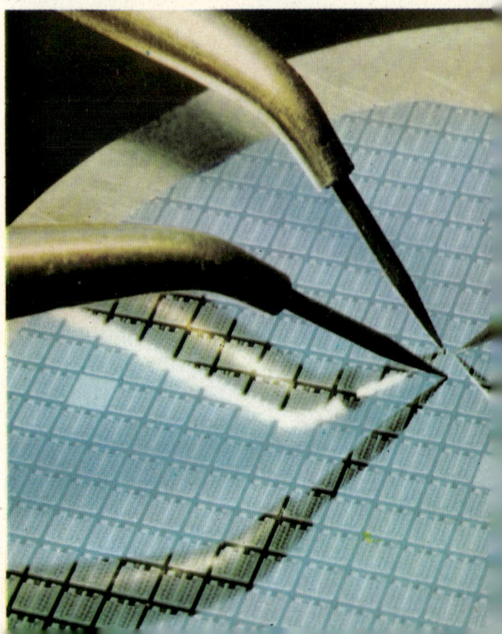

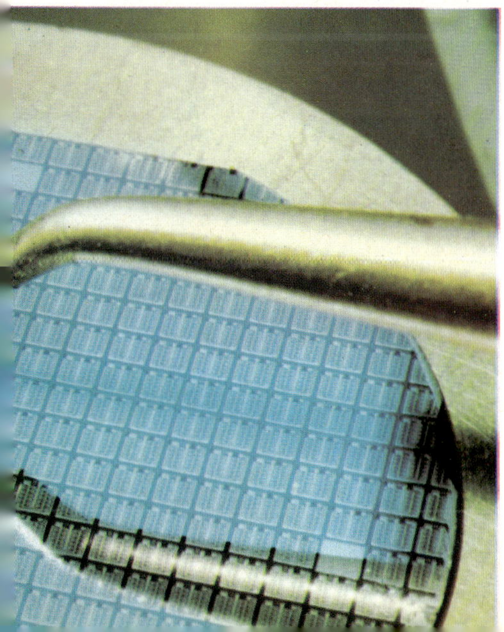

La válvula electrónica señaló el inicio de la moderna técnica de comunicaciones. En los últimos años ha sido sustituida por el transistor. Dcha.: Funcionamiento del tubo y del transistor expuesto esquemáticamente. Foto izq.: Cientos de circuitos impresos (cuadrados) tienen cabida gracias a la microtécnica en una laminilla de semiconductor del tamaño de una moneda de 50 pesetas.

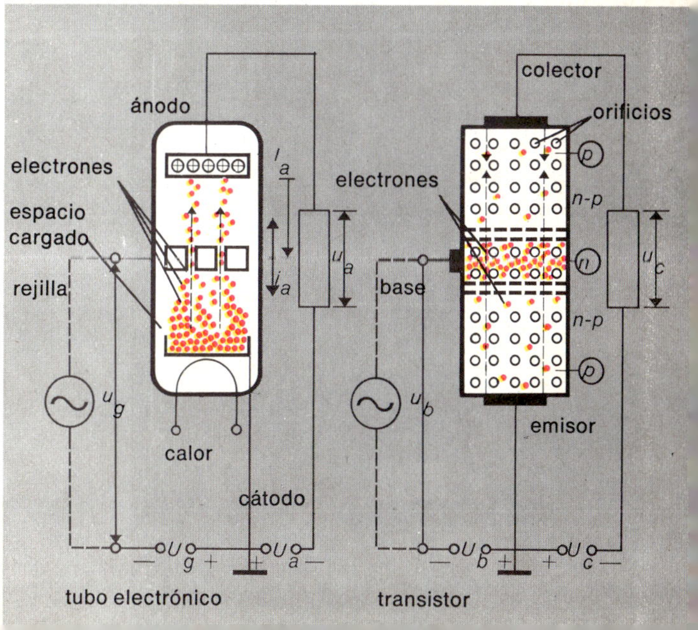

El empleo sensato de la técnica puede resolver muchos difíciles problemas del futuro

Los ingenieros, por su misma profesión, tienen que ser futurólogos. Mucho de lo que inventan o prueban tarda un mínimo de diez a quince años en realizarse totalmente. Entre las tareas técnicas que tienen dimensión futura se halla también la solución de problemas actuales resultantes del progreso técnico del pasado y de la actualidad.

Uno de esos problemas es p. ej., la producción de alimentos. Unos dos tercios de la humanidad padecen subalimentación. Sólo la mitad de los 3200 millones de hectáreas de superficie aprovechable se utilizan realmente para la agricultura mundial. Quedan como vemos grandes reservas, aunque es cierto que el aprovechamiento de las «superficies de reserva» va a costar sumas exorbitantes. También la oceanología y la quimiotecnia (proteína del petróleo) nos ayudarán a la obtención de alimentos.

Otro problema lo plantea la construcción

Esta insignificante «paca» de chatarra es todo lo que queda de lo que fuera un reluciente automóvil (arriba). Las prensas de chatarra, denominadas «shredders» pueden convertir vehículos viejos en un instante en uno de esos manejables bultos.

Miles de toneladas de gases y partículas en suspensión salen día a día al aire ambiental desde las chimeneas de la industria y de nuestras propias casas. Instalaciones purificadoras de escapes (arriba centro) pueden eliminar una gran parte.

En las superurbes ultrapobladas habrá que recurrir pronto a nuevos planos y medios de comunicaciones. Una interesante solución está en el autocarril a propulsión magnética. La foto muestra un modelo experimental MBB (Messerschmitt-Bölckow-Blohm).

La «metaciudad» es uno de tantos planes para la urbe del mañana. Las viviendas se suspenden de armazones de soporte. No sólo se aprovecharía mejor el terreno; se lograría también una condensación, racionalización y perfeccionamiento de todas las funciones urbanas. Un complejo de este tipo permite una gran concentración demográfica menos agobiante de lo usual.

de viviendas. Corren parejas la expansión urbana y la invasión por el cemento del paisaje, tan necesario para el respiro del hombre. Las grandes urbanizaciones del futuro tendrán que alzarse más sobre la tierra y ahondar en ella. Nuevos materiales y técnicas de construcción (plásticos, prefabricados) tratarán de facilitar la misma e incluso hacerla más barata.

No es difícil prever asimismo que seguirá aumentando también el movimiento de personas y mercancías. He aquí otro crecimiento exponencial y explosivo, que sólo se paliará en parte mediante la construcción de más vehículos y vías para el tráfico individual. Los expertos planean desde hace mucho nuevos medios de tráfico colectivo terrestre, aéreo y acuático. En los viajes espaciales se ha superado la primera y más espectacular etapa. Pero prosigue el trabajo —p. ej., con satélites de todo tipo y con estaciones espaciales. Esta expansión afectará también forzosamente al intercambio de noticias a escala mundial. Habrá que crear nuevos medios de transmisión capaces de mover un volumen de información aún mayor y más aprisa. La técnica del láser y las microondas podría proporcionar los sistemas necesarios.

Todas estas tareas exigen energía —obtenida en el futuro más que nunca por fisión nuclear— y en su día también de la fusión termonuclear. Las materias primas convencionales (gas, petróleo, corbón) hacen mucha más falta en la quimiotecnia que para producir energía. Tal vez se logre también utilizar directamente la energía solar —hay experimentos en marcha. El problema de la polución ambiental es también otro reto a la técnica. El hombre corre peligro de ahogarse en sus propios residuos. Si no queremos destruir el equilibrio biológico que asegura nuestra existencia, se requiere un replanteamiento drástico y total.

3

La energía sostiene e impulsa la técnica

La principal fuente de energía es el Sol. El carbón, el petróleo y el gas natural son almacenes de rayos de sol, e incluso la fuerza hidráulica proviene en su mayor parte de la energía solar. Toda energía primaria tiene que pasar por procesos de transformación adaptados a la aplicación perseguida. La energía térmica se logra mediante la combustión de carbón o petróleo. Se la puede convertir en energía eléctrica, de muy fácil distribución y universalmente aplicable a todos los procesos que requieren energía. De cada tres kilovatios-hora, dos los consume la industria (foto).

La energía nos da calor, fuerza motriz y luz. Las existencias naturales no son inagotables — hay que hallar nuevas fuentes de energía

La energía eléctrica convierte hoy la noche en día. Lámparas especiales controladas por reguladores, con un espectro similar al de la luz diurna permiten una transición imperceptible de una luz a la otra. Dcha.: Un gran estadio deportivo norteamericano espléndidamente iluminado durante un partido de béisbol.

El carbón, el petróleo y el gas natural cubren más del 90 % del consumo de energía del mundo. En los últimos años ha disminuido poco a poco la importancia del carbón como energía primaria al paso que aumentaba aceleradamente el empleo del petróleo y gas natural. La fuerza hidráulica desempeña un papel muy modesto dentro del balance mundial de energía. También es relativamente reducida por ahora la participación de la energía nuclear. Pero tendrá que aumentar forzosamente si deseamos evitar un colapso del suministro de energía. Las reservas naturales no son inagotables —considerado a largo plazo es una insensatez quemar preciosos «combustibles fósiles» como el carbón y petróleo, en vez de reservarlos para su elaboración en la industria petroquímica.

Las estadísticas comparan los distintos tipos de energía primaria, que de suyo tienen una constitución muy diferente, traduciéndolos a toneladas de equivalente hulla. Una tonelada de equivalente hulla corresponde al contenido medio de energía de 1 t de hulla. 1 t de lignito p. ej., produce sólo 0,8 teh, 1 t de fuel oil en cambio 1,429.

A comienzos del siglo el consumo total de energía primaria del mundo andaba por los 1000 mill. de toneladas de equivalente hulla. Hoy día ha ascendido a unos 6000 millones. Para 1980 serán ya 10 000. También en el campo de la energía eléctrica son de esperar índices de aumento similares. La producción mundial de energía eléctrica rebasó en 1971 la raya de los cinco billones de kilovatios-hora (kWh). Las compañías de electricidad se preparan para suministrar dentro de diez años el doble de esa cantidad.

El consumo de energía del mundo se traduce así: un 88 % en calor, un 11 % en fuerza y sólo un 1 % en luz. La mayor parte de la luz y fuerza se producen a base de electricidad. Cada habitante de la Tierra gasta al año unos 1500 kWh. Pero este promedio engaña. Tres cuartas partes de la producción total de corriente corresponden a sólo diez países superdesarrollados. En más de la mitad de la población mundial, el consumo anual per capita de energía no pasa de 100 kWh.

Como vemos, el hambre de energía del mundo es enorme. Sólo se la podrá aplacar si se consigue incorporar energías «independientes del sol». Esto se ha logrado ya en el caso de la energía nuclear. En las centrales atómicas se transforma materia en energía. De momento esta «creación de energía» tiene algunos problemas que no se resolverán hasta que se consiga producir combustible nuclear en *breeder*. Otra posibilidad estriba en la fusión de elementos ligeros en átomos semipesados en los llamados reactores termonucleares. Sus problemas se exponen detalladamente en la página 38 ss.

En todos los procesos de transformación de energía se desperdicia todavía gran parte de ella. Un motor de automóvil convierte en fuerza motriz como promedio sólo el 24 % de la energía química contenida en la gasolina.

El 76 % se desecha en forma de calor a través del tubo de escape o del agua del radiador. Lo mismo viene a ocurrir con los motores diesel y las turbinas de avión o los turbogeneradores. Sólo podría cambiar esto un poco la «transformación directa» de la energía en forma de «combustión fría». Más adelante hablaremos de las investigaciones que se están realizando en este campo.

Entre los grandes consumidores de energía eléctrica está la industria de los plásticos —desde la preparación de las materias primas hasta los productos finales. Izq.: Calandria de estirado de hoja de plástico.

Los hornos de electrorreducción se dedican a la producción de hierro colado. Existen únicamente 1500 en todo el mundo, pero consumen nada menos que el 4 % del total de energía eléctrica. El hierro colado se puede convertir en acero —p. ej., en un horno de arco voltaico (dcha.). También «tragan energía» los hornos de inducción para hierro de fundición y los hornos de resistencia.

DEMAG

No se puede «fabricar» la electricidad — constituye siempre el resultado de un proceso de transformación

La mayor parte de la energía eléctrica se produce hoy día en «turbogeneradores», que combinan una turbina y un generador y permiten rendimientos de varios cientos de miles de kilovatios. Abajo: Vista del estator de un gran generador durante su fabricación —un especialista encuña el embobinado.

Las máquinas a vapor del siglo XIX tenían sobre todo la desventaja de que la energía dinámica en ellas producida sólo podía consumirse en un sitio concreto. Estaba excluido su transporte a distancia. El transporte de la energía —y con el mismo el abastecimiento central de consumidores grandes y pequeños— no entró en discusión hasta que fue posible y rentable la transmisión de la energía eléctrica mediante cables. Su base la creó Werner von Siemens cuando descubrió el principio electrodinámico. Como este principio ha fundado la técnica de la corriente de alta tensión, lo explicaremos brevemente. El inglés Michael Faraday (1791-1867) había descubierto el primer precursor del motor eléctrico: una vuelta de cable atravesada por una corriente se ponía a girar cuando se la situaba entre los polos de un imán de acero. La causa estaba en la influencia recíproca de los campos magnéticos o «inducción electromagnética». Si en cambio se hacía girar una vuelta de cable en el campo magnético de un imán, podía generarse una corriente eléctrica. Este segundo descubrimiento condujo a la invención del generador o dinamo.

Los primeros generadores tenían el defecto de que sus imanes eran demasiado débiles. El intento de sustituirlos por electroimanes no dio buenos resultados mientras se emplearon elementos galvánicos para suministrar la corriente inductora de los imanes —eran demasiado inseguros. Werner von Siemens (1816-1892) descubrió entonces que se podía prescindir de tales elementos; en consecuencia se pudo construir un generador de corriente continua dotado únicamente de electroimanes de tal modo que la inducción del magneto, por así decirlo, se daba por sí sola: para provocar la autoinducción bastaba con el magnetismo residual existente en el núcleo de hierro dulce del electroimán, denominado magnetismo remanente. Este

La mayoría de las centrales a vapor funcionan todavía a base de carbón y de otros combustibles sólidos. En los últimos decenios ha podido reducirse mucho el consumo de carbón por kWh —principalmente gracias a un intenso trabajo de investigación.

La fuerza hidráulica suministra realmente sólo una pequeña parte de la energía mundial, pero desempeña un importante papel dentro de la regulación energética como potencia de reserva a incorporar en cualquier momento: las centrales de elevación pueden ponerse a funcionar siempre que hay gran demanda —horas punta.

principio de funcionamiento del generador no ha sufrido cambio hasta ahora. Vivía entonces el mundo el comienzo de la era de la electricidad. Se pudo construir generadores de funcionamiento seguro, instalar redes de abastecimiento y desarrollar los sistemas de conexión. En 1884 se inauguró en Berlín la primera central eléctrica. Producía 100 kWh y abastecía a una sola manzana de casas. Hoy día se construyen centrales nucleares cuyo rendimiento alcanza 1,2 millones de kWh.

Las centrales eléctricas fueron desplazando las fábricas de gas tan simbólicas del progreso a fines del siglo pasado. El gas puede palparse; la fuerza eléctrica, en cambio, sólo puede apreciarse por sus efectos. Las plantas eléctricas en un sentido estricto son sólo transformadoras de energía. Convierten la energía en bruto (carbón, petróleo, gas, fuerza hidráulica, energía nuclear) que llega a ellas, a través de fases intermedias, en la versátil y dúctil forma energética que es la «electricidad». Esto ocurre generalmente mediante una turbina que mueve un generador. Las turbinas de vapor reciben vapor a alta presión procedente de generadores del mismo calentados con combustibles fósiles o bien con energía nuclear. Las turbinas de gas trabajan con energía producida por gases recalentados. Las hidráulicas convierten la fuerza del agua que cae (su «potencial de caída») en energía mecánica, que se transforma después en energía eléctrica.

El 90 % de la energía eléctrica se obtiene hoy día en centrales térmicas. Sólo un pequeño porcentaje corresponde a las centrales nucleares que sin embargo pueden incluirse también entre las térmicas. También la fuerza hidráulica desempeña un pequeño papel porcentual con todo y que en el mundo entero se hacen grandes esfuerzos por aprovechar los recursos hidráulicos. En los últimos años han entrado en funcionamiento, p. ej., las centrales hidroeléctricas construidas conjuntamente por Yugoslavia y Rumania en la «Puerta de Hierro» del Danubio. En Krasnoyarsk, río Yenisei (URSS), funciona desde 1971 la mayor central hidroeléctrica del globo. También se halla entre los colosos de su género la central de la presa de Sadd-el-Ali (Egipto).

La transformación directa de la energía es un problema que fascina a los científicos del mundo entero

Desde hace un par de años han aparecido en el mercado encendedores que funcionan sin piedra. Se aprieta una palanca —salta una chispa y enciende el gas. Tenemos aquí uno de los ejemplos más sencillos de la transformación directa de energía en electricidad. Al oprimir un cristal en el interior del encendedor se produce una «piezotensión» eléctrica que origina las chispas. El efecto piezoeléctrico fue descubierto ya en 1880 por Pierre y Jacques Curie.

Desde hace años se dedican los científicos de todos los países industriales del mundo al desarrollo de fuentes de energía no convencionales. Recurren a menudo a descubrimientos antiguos y olvidados. Los generadores termoeléctricos, por ejemplo, se basan en la observación hecha en 1821 por Thomas Seebeck de que dos metales diferentes soldados producen una corriente eléctrica en cuanto se calienta un extremo y se enfría el otro. En lugar de metales se utilizan hoy semiconductores. Se emplean por ejemplo en los viajes espaciales. De fuente térmica sirve un pequeño reactor nuclear reducido a proporciones mínimas.

Tampoco es nuevo el principio de las células solares. Su secreto técnico reside en cristales semiconductores de gran superficie en cuya capa aislante la luz solar se convierte en electricidad —igual que en los conocidos fotómetros fotoeléctricos, pero a mayor escala. Un metro cuadrado de células solares pesa unos 2,5 kg y genera unos 100 watios. Las células solares cubren hoy el suministro de energía de satélites y sondas espaciales una vez consumida la energía del cohete portador y lanzados al vacío.

Los generadores termiónicos provienen de una idea de Thomas Alva Edison (1883). Consisten en principio en tubos que proporcionan corriente eléctrica bajo la acción del calor: de dos placas contrapuestas se calienta una hasta que emite electrones. También puede utilizarse aquí un reactor nuclear como fuente térmica. Se intenta lograr actualmente un rendimiento de 50 kW y un grado de eficiencia del 40 %.

También es ya vieja la idea básica del generador magnetohidrodinámico (generador MHD). Se remonta al descubrimiento de Michael Faraday de que dos campos electromagnéticos al superponerse generan determinadas fuerzas —como en el electromotor o generador. En el generador MHD un campo electromagnético entra en acción recíproca con el campo de un plasma conductor (ver pág. 44) calentado a varios miles de grados. El papel del rotor es desempeñado aquí por un chorro de gas caliente a gran velocidad que se mueve en dirección transversal al campo magnético —origina energía eléctrica. La meta consiste en lograr un rendimiento de 1000 kW con un grado de eficiencia del 60 %.

El principio de la célula de combustión en frío fue mencionado por vez primera en 1842 por William Grove. Este procedimiento emplea hidrógeno y oxígeno gaseosos que se combinan formando agua mediante una «combustión fría» (se genera electricidad en vez de calor). Con estas células trabajan p. ej., las naves espaciales Apolo. En el Apolo 13 fallaron al explotar el tanque de oxígeno durante el vuelo. Este sistema no está aún maduro para el uso general.

Una demostración del funcionamiento de las células solares. La corriente generada en las células por la bujía mueve un ventilador. Al aumentar la cantidad de oxígeno, la luz de la bujía se hace más intensa, la corriente hace lo propio y gira más aprisa el ventilador —hasta que el «soplo» termina apagando la bujía. Las células solares son el alma del abastecimiento eléctrico de las naves espaciales.

La célula de combustión en frío transforma directamente la energía química en energía eléctrica, con un grado de eficiencia del 85 % y más. Se le predice un gran futuro en la propulsión de vehículos y en las «centrales químicas» que contribuirán al abastecimiento de corriente en las horas punta. Su único producto de desecho será agua totalmente pura.

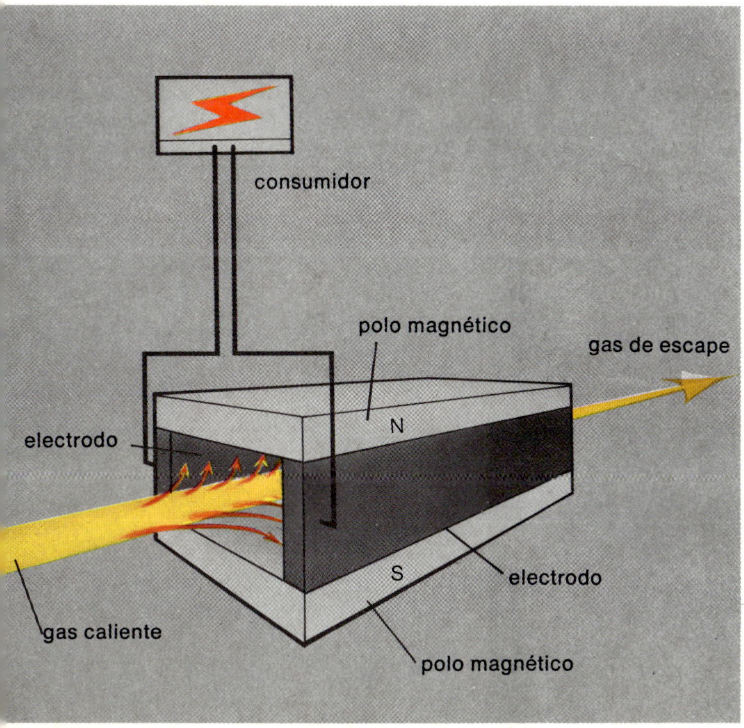

El generador MHD (izq. esquema de su funcionamiento) trabaja con plasma a 3000 grados. El plasma de escape, con su gran velocidad (arriba) puede producir un trabajo adicional en una turbina acoplada. Dcha.: También la radiación de los isótopos —«parientes radiactivos» de los elementos químicos— puede generar corriente eléctrica (en baterías de isótopos).

El pero de la electricidad está en sus problemas de almacenamiento

Es característico de la electricidad que hay que utilizarla inmediatamente después de su producción. Como la demanda de corriente es totalmente distinta según el momento del día y del año, las compañías de electricidad se ven obligadas a ajustarse continuamente a la posibilidad de una demanda punta si no quieren exponerse a colapsos de la tensión. Este ajuste de la capacidad de suministro a los momentos de carga punta es antieconómico. Puede eludirse mediante la «compra» de corriente eléctrica en las horas punta —esto funciona a base de un sistema de conexiones internacionales— e instalaciones capaces de almacenar corriente en gran escala.

El electroautomóvil tiene futuro, pues no poluciona. Pero falta por ahora un acumulador de electricidad práctico. Las baterías que vemos a la izq. de la foto no dan mayor rendimiento que los dos bidones de gasolina de la derecha de la misma.

Cierto es que la electricidad no puede almacenarse en su forma «viva». Hay que transformarla antes en otra energía «almacenable» y que permita su reconversión rápida en las horas punta. Esto ocurre en gran escala mediante el funcionamiento de centrales de elevación. En las horas de excedentes de corriente se bombea agua a un depósito elevado. Cuando hace falta mucha corriente sólo hay que abrir una compuerta. Al precipitarse hacia abajo, el agua impulsa un turbogenerador. La mayor central de este tipo del mundo está en Vianden, en la frontera de Luxemburgo y la R. F. de Alemania. Los seis millones de m^3 de agua que contiene alcanzan a suministrar 600 000 kW durante más de cinco horas —más que el consumo de Munich con su millón de habitantes. Se puede recuperar como el 60 % de la energía empleada en el bombeo. Todos los demás métodos de acumulación son por ahora inadecuados para el empleo técnico a gran escala. Los experimentos de mejores perspectivas hasta ahora consisten en la descomposición electrolítica de agua en oxígeno e hidrógeno mediante la energía eléctrica excedente. Al requerirse más corriente pueden volver a combinarse en forma de agua dentro de células de combustión fría (ver pág. 32), produciendo así electricidad. Las plantas químicas de este tipo permiten esperar grados de eficiencia no inferiores a los correspondientes a las plantas de elevación.

Son también interesantes los experimentos con los «acumuladores criógenos» (griego kryos = frío, genesis = origen). Principio: si se enfrían determinados metales hasta el cero absoluto (—273 °C), pierden su resistencia eléctrica y se convierten en «supraconductores». De este modo pueden hacerse circular (=almacenarse) gigantescas corrientes eléctricas durante tiempo ilimitado y prácticamente sin pérdida dentro de carretes de electroimán de material supraconductor enfriado al cero absoluto. En caso de necesidad pueden recuperarse esas corrientes, dirigiéndolas a las redes de consumo. Los acumuladores criógenos interesan sobre todo en los casos de sobrecargas bruscas. Se desarrollaron para la navegación espacial, pero en teoría se pueden emplear también como amortiguadores dentro del equilibrio de producción y consumo de las centrales eléctricas.

Ofrecen también posibilidades de acumulación de corriente a escala menor los elementos electrodinámicos, llamados común y simplemente «baterías» porque suelen acoplarse varias células individuales para formar unidades funciona-

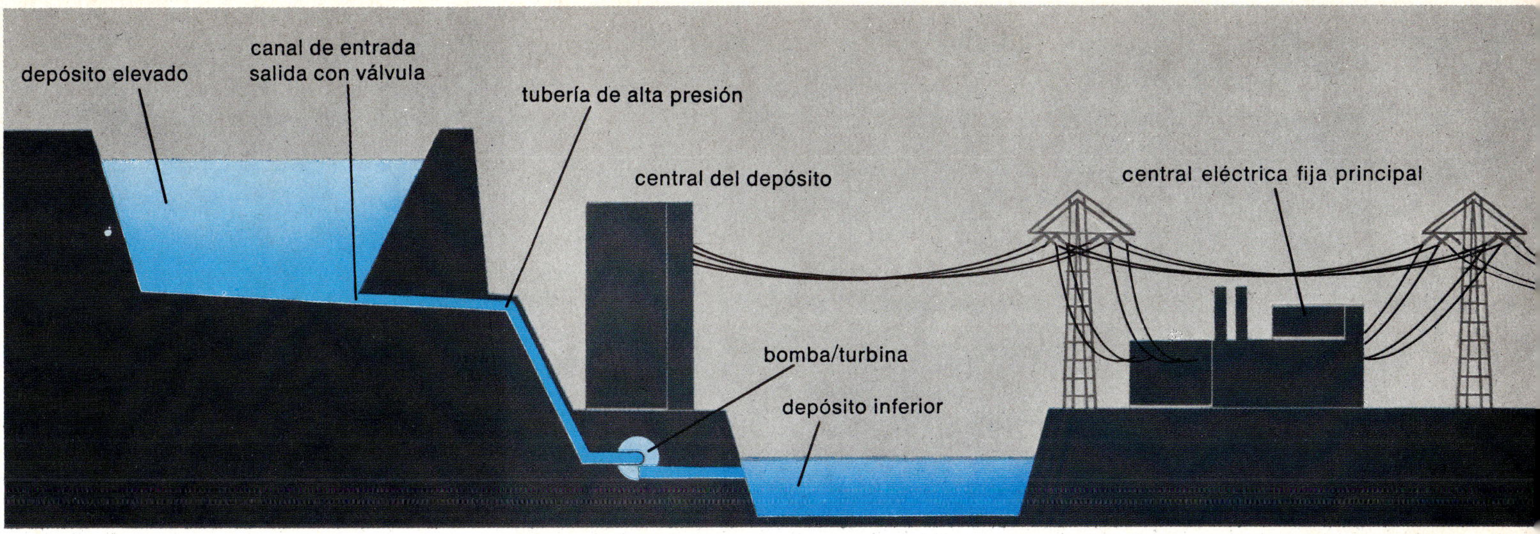

Las grandes centrales eléctricas rinden al máximo cuando trabajan a un ritmo (permanente) uniforme. Las oscilaciones de carga pueden compensarse p. ej., mediante centrales de elevación (arriba, esquema de funcionamiento.) La energía sobrante en las horas de bajo consumo se emplea en elevar agua a depósitos enormes (dcha: caja de una bomba elevadora). En las horas de consumo punta se hace caer el agua, cuya fuerza es convertida de nuevo en energía eléctrica mediante turbogeneradores.

les. Existen dos tipos principales: las células primarias (p. ej., las pilas de linterna) que se gastan cuando se utiliza la energía en ellas contenida y las células secundarias (p. ej., los acumuladores) que pueden cargarse y descargarse.

Estos dos tipos de elementos provienen de la pila de Volta, inventada por el italiano Alessandro Volta (1745-1847). Volta sumergió un par de barras de cobre y cinc en ácido sulfúrico diluido. Al conectar entre sí las dos barras (cobre=polo^{+}=ánodo; cinc=polo^{-}=cátodo) tenía lugar una compensación de la carga, es decir, se originaba una corriente eléctrica entre ambos polos.

El acumulador recargable más conocido es la batería de elementos de plomo de los automóviles. Desventaja: en relación con su rendimiento de acumulador es demasiado voluminosa y pesada. Por ello los especialistas de todo el mundo trabajan en la construcción de nuevos acumuladores electroquímicos. Se basan en las experiencias con la célula de combustión en frío. Así la prometedora batería de metal-aire (5 veces más poder acumulador que la batería de elementos de plomo) es una combinación de un electrodo metálico y una célula de combustión en frío de aire u oxígeno.

Crecen los volúmenes de energía. Su transporte se hace cada vez más difícil

Con generar y «conservar» la energía eléctrica no se ha hecho todo. Hay que transportarla además de un modo seguro. Los tendidos de conducción cuestan mucho dinero. Por cada suma que se gasta en construir las centrales hay que invertir el doble en el sistema de conducción y distribución.

El aumento de los volúmenes de energía exige por un lado la conducción de tensiones mayores a distancias que crecen cada día y por el otro el refuerzo de los tendidos. Hace aún pocos años se enviaban a larga distancia casi exclusivamente corrientes con tensiones de 220 000 o 380 000 voltios. Hoy día no son ya cosa rara 750 000 voltios y se trabaja ya en la construcción de líneas para 1,2 millones de voltios.

A mayor tensión, mayores problemas técnicos. La transmisión normal de corriente trifásica de alta tensión no sirve ya para tensiones de más de un millón de voltios. Las dimensiones de líneas, aisladores y postes aumentarían hasta lo infinito. Además, con tensiones de esa magnitud el aire en torno al conductor se ioniza (carga de electricidad), cosa perceptible por un ligero resplandor del efecto corona y que trae consigo considerable pérdida de energía. Estos problemas sólo se eliminan parcialmente a base de cables subterráneos.

La corriente eléctrica permite una conducción tanto más económica cuanto mayor es su tensión. De la alta tensión se encargan los transformadores, que sólo entran en consideración con la corriente alterna o trifásica. La corriente continua no puede transformarse. Debido a esta circunstancia, los sistemas eléctricos se apartaron a principios de siglo de la corriente continua empleada inicialmente, para dedicarse casi exclusivamente a la corriente alterna.

Actualmente hay ya métodos para convertir en continua la corriente alterna prácticamente de cualquier tensión. Al final del tendido se la puede reconvertir en alterna y transformarla a voluntad. Para la transformación se utilizaban antes rectificadores especiales a vapor de mercurio. Hoy día se han sustituido por rectificadores semiconductores para alta tensión, denominados tiristores. A distancias de más de 1500 km la transmisión de corriente continua de alta tensión resulta más rentable que la de corriente alterna. Existen ya toda una serie de conexiones de este tipo, p. ej., entre Europa Central y Escandinavia («Conti-Skan») o entre Francia e Inglaterra.

Pero el progreso sigue adelante. Podrían transportarse corrientes de máxima intensidad con cables de diámetro relativamente reducido si se emplease el princi-

Los transformadores adaptan la tensión de salida de los generadores al valor idóneo para su transporte a distancia y se encargan de reducirla en las zonas de consumo de la energía. Los transformadores se transportan ya armados desde la fábrica hasta el lugar de su instalación (izq). Arriba: Aisladores de un distribuidor de alta tensión.

pio de la supraconducción (pág. 34). Podría lograrse el enfriamiento al cero absoluto mediante helio líquido. Se trataría de un procedimiento muy costoso, pero totalmente posible y en realización experimental.

Los cables subterráneos de alta tensión se aislaban hasta ahora adicionalmente con aceite inyectado al interior del cable. En el futuro se presenta la posibilidad de sustituir el aceite por un gas incombustible, no tóxico y muy pesado, el hexafluoruro sulfúrico (SF_6). Da un aislamiento perfecto; se emplea también en interruptores especiales para tensiones elevadísimas (interruptores de gas a presión).

Se halla aún en su estadio inicial la transmisión de energía a través de microondas. Es tal vez la más sorprendente de todas las soluciones posibles del problema del transporte de energía. Tubos de plástico de 1,5 m de diámetro con revestimiento interno de cobre se encargarían de conducir ondas electromagnéticas del orden de mm de longitud de onda a grandes distancias: serían algo así como electroductos. Los experimentos hechos en los Estados Unidos han revelado que uno de estos tubos tiene la misma capacidad de transmisión que 15 líneas internacionales estándar de corriente trifásica en tendido paralelo.

Los transformadores de medida sirven para reducir la alta tensión a la tensión de entrada de los tableros de contadores. En la sala de pruebas de alta tensión (izq.) se les somete a choques de más de un millón de voltios para probar su resistencia.
Arriba: Rayo artificial producido en un campo experimental de alta tensión. La chapa lo conduce sin daños.

4

Nueva fuerza de origen atómico: la energía nuclear

Marcó el comienzo de la era atómica la audaz afirmación de Albert Einstein de que la energía y la materia no eran antinomias sino dos aspectos de un mismo fenómeno. De Einstein proviene la famosa fórmula de la energía ($E=mc^2$), según la cual sería posible transformar la materia en energía. La prueba de esta teoría no se hizo esperar mucho. En 1939, Otto Hahn y Fritz Strassmann lograron la desintegración de átomos de uranio en átomos más ligeros. En ese proceso se liberó efectivamente energía – la misma energía nuclear que condujo a la bomba atómica. Foto: Construcción de una central nuclear (EUA).

SA 3

Alquimistas de hoy día, los investigadores crean elementos desconocidos por la naturaleza

El filósofo griego Demócrito (460-360 a. de JC.) es el fundador de la física atómica. Consideró el átomo como la partícula más pequeña de materia. El modelo de un átomo de uranio (izq. abajo) permite ver cómo sus 92 electrones circulan en órbitas casi circulares a diferentes distancias y formando «cortezas».

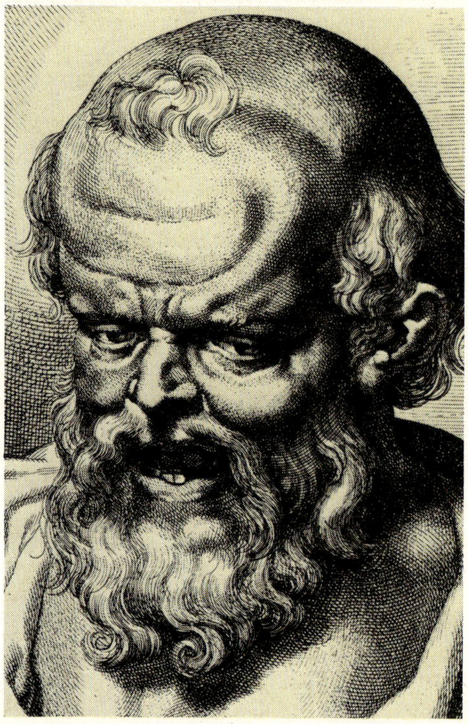

Durante muchos siglos se creyó que los átomos, últimos sillares de la materia, eran indivisibles (griego: atomos). Los sabios comenzaron a dudar de esta teoría cuando se logró comprobar la existencia de un elemento que se hallaba en continua desintegración y emitía rayos de gran energía —el radio. Poco después se observó también en otros elementos un efecto «radiactivo».

Era evidente que los átomos se componían a su vez de partículas aún menores. Su investigación ha sido una de las mayores aventuras científicas del hombre. Hoy se parte del hecho de que un átomo tiene un diámetro del orden de una cienmillonésima de milímetro. Se compone de un núcleo que contiene un 99,9 % de la masa del átomo y cuyo radio es en cambio de sólo una diezmilésima del diámetro del átomo (o aún menos), y de una «corteza».

El núcleo del átomo está compuesto de dos «clases» de partículas elementales: los protones, portadores de la carga positiva del núcleo y los neutrones, carentes de carga. La corteza del átomo se compone de electrones con carga negativa. Podemos representarnos la estructura del átomo como una especie de sistema planetario: en torno al núcleo (Sol) trazan los electrones (planetas) sus órbitas. Pero existen modelos atómicos más diversificados.

El número de protones es diferente de un elemento a otro y coincide con el de electrones que los rodean. En cambio, dentro de un mismo elemento, puede oscilar el número de neutrones. Los núcleos del átomo de carbono tienen siempre seis protones y en el caso normal seis neutrones, pero también a veces siete. Las formas de átomos con anomalía en el número de neutrones se denominan «isótopos». Sólo existen 22 elementos «puros», compuestos únicamente de una clase de átomos.

Si se «bombardean» núcleos de átomo con partículas elementales de gran energía se puede alterar su estructura. De esa manera se hace posible convertir un elemento en otro —o incluso crear un elemento «nuevo», no existente en la naturaleza. Desde el comienzo de los experimentos de transformación de elementos (1940) mediante aceleradores de partículas (ciclotrón, sincrotón, etc.) se han creado hasta ahora 13 nuevos elementos. La mayoría de ellos vuelven a desintegrarse en seguida. También se ha descubierto en estas investigaciones que hay otras muchas partículas elementales.

La economía energética, sometida a tanta presión hoy día, debe la actual utilización práctica de la energía atómica a los físicos nucleares que revelaron los secretos de la estructura del átomo y sobre todo de su núcleo. Aceleraron electrones y protones en dispositivos lineales o circulares, logrando energías cinéticas de algunos miles de millones de electronvoltios (eV). Izq. Túnel de un acelerador lineal. Abajo: Principio de un sincrotón de protones — acelerador circular. Las reacciones nucleares obtenidas con estos dos métodos pueden visualizarse en las llamadas «cámaras de burbujas». Arriba: Huellas de partículas elementales en la cámara de burbujas del sincrotón alemán de electrones.

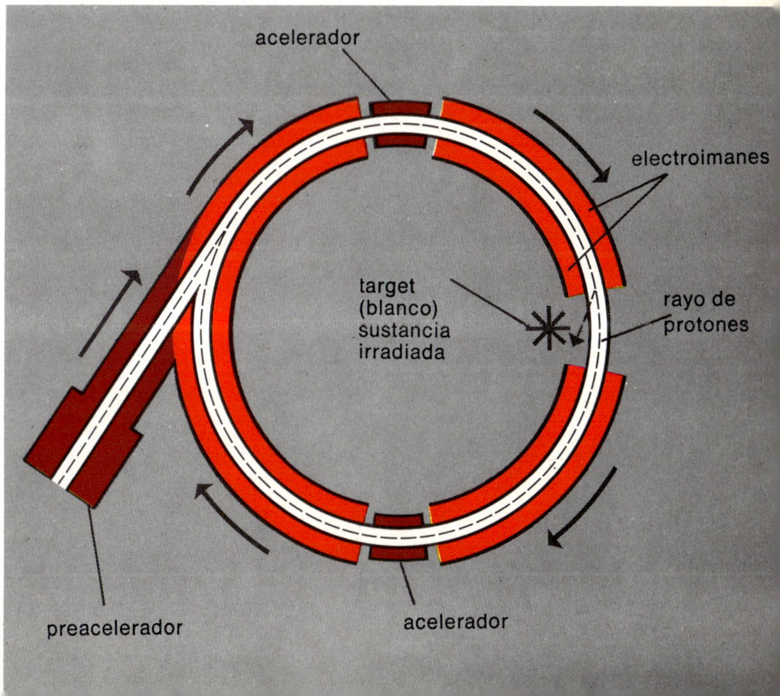

Con la fisión de los núcleos atómicos se liberan energías. Ha costado mucho el poder controlarlas

La energía nuclear no es el primer gran invento «abortado» para fines bélicos. La primera bomba atómica estalló el 6 de julio de 1945 en Los Alamos, Nuevo México. Las bombas lanzadas en agosto de 1945 en Hiroshima y Nagasaki pusieron fin a la segunda guerra mundial. Dcha.: Explosión de Bikini.

En este histórico dispositivo experimental lograron los físicos alemanes Otto Hahn y Fritz Strassmann en 1938 la primera fisión del núcleo de uranio. Se lo puede admirar hoy en el Deutsches Museum de Munich (abajo). En sus experimentos se basó Enrico Fermi para construir el primer reactor nuclear.

Los físicos Otto Hahn y Fritz Strassmann se ocupaban en 1938 en la transformación de elementos —como otros muchos científicos de esa época. Bombardearon con neutrones núcleos de átomos de uranio. Con gran sorpresa suya el resultado fue muy distinto de lo esperado. No se produjo la transformación relativamente inocua que se había observado ya con frecuencia, sino que los núcleos de uranio estallaron dejando fragmentos de tamaño similar y desprendiendo energía que se manifestó en forma de calor. La reacción una vez iniciada proseguía «por si sola» —presentando indicios de una «reacción en cadena».

¿Qué había ocurrido? Cada átomo del isótopo de uranio 235 había recibido un neutrón en el núcleo, con lo que se había formado un núcleo intermedio inestable de uranio 236 que se desintegraba inmediatamente en dos fragmentos de masa media. Este proceso liberaba varios neutrones «superfluos». Estos fragmentaban a su vez a otros núcleos. Con ello se liberaban nuevos neutrones que «fisionaban» más núcleos de uranio siguiendo una progresión geométrica.

El descubrimiento de Hahn y Strassmann condujo en línea recta a la bomba atómica. Los EUA dedicaron en pocos años dos mil millones de dólares a su construcción. 500 000 personas trabajaron en el «proyecto Manhattan». Su primera tarea consistió en hallar un procedimiento que permitiera controlar aquella reacción en cadena de proceso explosivo. El descubrimiento decisivo fue obra del físico Enrico Fermi: la pila atómica, precursora en línea directa de todas las centrales nucleares de hoy día. El combustible nuclear, consistente en barras llenas de uranio, se rodeaba de un «moderador» de grafito que se encargaba de que los neutrones no fuesen absorbidos por el uranio sin causar efecto. En cambio unas

Varillas reguladoras (abajo) se encargan de que no «se pase» el reactor de una central nuclear. Consiste su misión en captar una parte de los neutrones liberados, evitando así la reacción en cadena. De otro modo se produciría la explosión del reactor.

barras de cadmio, acreditado como un gran absorbente de neutrones, tenían como misión frenar el flujo de neutrones si el reactor se recalentase.

Fermi puso en marcha la primera reacción en cadena controlada el 2 de diciembre de 1942 en un local del estadio de la universidad de Chicago. Su pila atómica sirvió para producir material en bruto para la bomba. En un principio nadie pensó en aprovechar la energía producida por la fisión del núcleo. Esto fue idea de los técnicos del reactor nuclear de Arco, Idaho. Un cambiador de calor transformaba, mediante el calor del reactor, agua en vapor a gran presión que impulsaba un turbogenerador.

El producto secundario calor se convirtió al correr los años en un producto principal. Hay hoy más de 1000 reactores nucleares produciendo electricidad en todo el mundo. Su participación en la producción de corriente es por ahora escasa: no llega al 5 por ciento. Pero los especialistas calculan para 1980 una participación del 25 % que deberá llegar al 50 % al llegar el año 2000.

Los reactores atómicos del tipo actual tienen la desventaja de que sólo pueden aprovechar una fracción del uranio. En muchos países se trabaja ya en la construcción de una nueva generación de reactores. Los *breeder* producirán más combustible nuclear del que consumen.

El «calado» de las varillas reguladoras está sometido a control automático en los reactores modernos.
Dcha: Vista del mecanismo regulador. Unos sensores vigilan el flujo de neutrones en el interior del reactor y ajustan las varillas reguladoras.

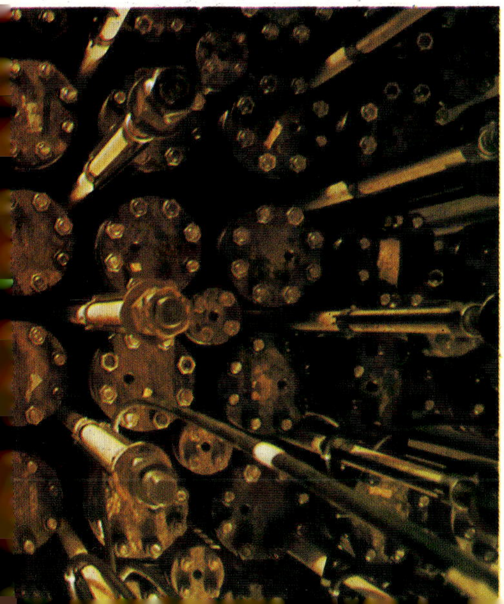

El plasma — ese gas de sorprendentes propiedades que ya no es gas

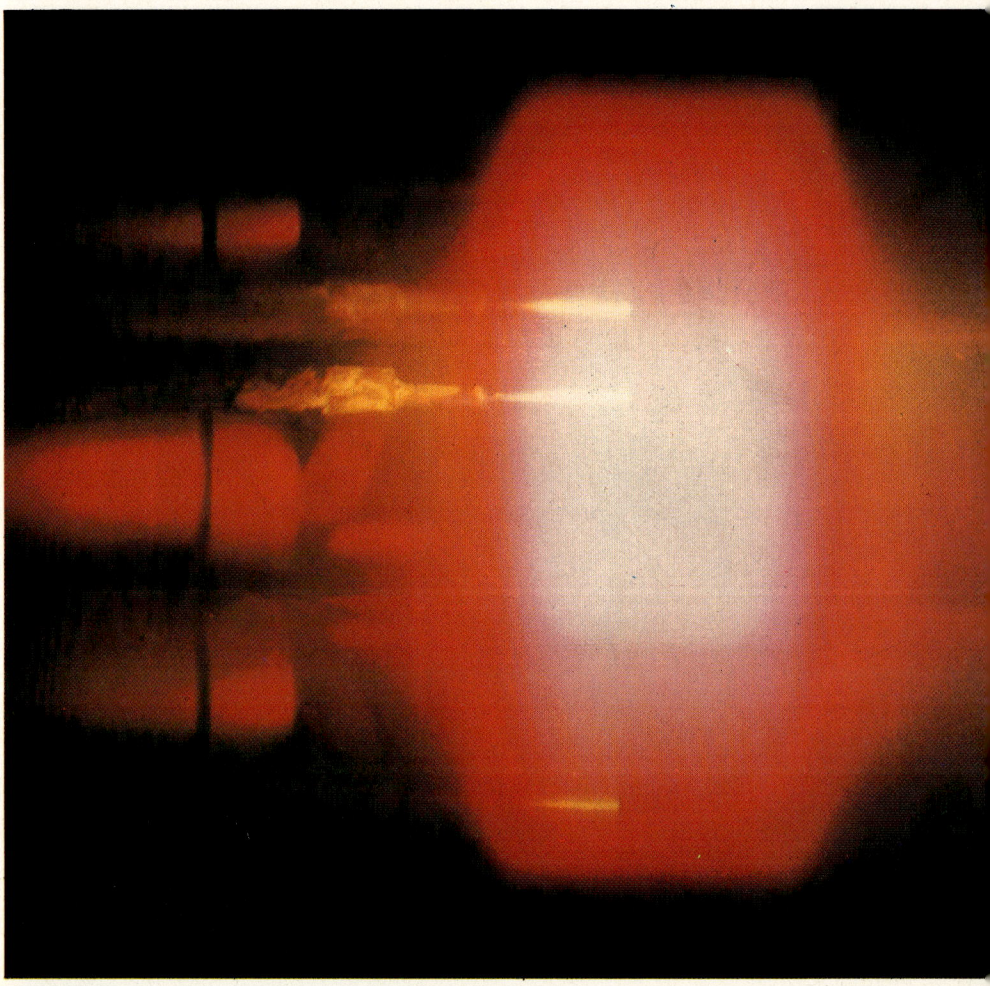

La materia, según aprendemos en la escuela, aparece en tres estados de agregación: sólido, líquido y gaseoso. En la Tierra al menos ocurre así. Pero ya en nuestro sistema solar existe todo lo más un uno por mil de materia sólida, líquida o gaseosa y en el cosmos su proporción no llega ni a 1/10 por mil. La mayor parte de la materia extraterrestre presenta la cuarta forma de agregación, la de plasma. Las estrellas fijas, las nubes de hidrógeno que invaden el universo, las colas de los cometas y los vientos galácticos se componen en su totalidad de plasma.

Entonces, ¿qué cosa es plasma? Visto superficialmente no se diferencia de un gas. Pero mientras los átomos y moléculas del gas se arremolinan en mutua interdependencia, las partículas de plasma ejercen fuerzas eléctricas entre sí, pues en estado de plasma casi todas las moléculas se hallan descompuestas en sus átomos y estos átomos, en su mayor parte, han perdido algunos o todos sus electrones. A la vez, esos «restos atómicos» desprovistos de sus electrones y denominado «iones» en ese estado, poseen carga positiva —y las nubes de electrones libres que los rodean, carga negativa. El grado de ionización se rige por el calor que actúa sobre el plasma. A 30 000 grados Kelvin (la escala de Kelvin empieza en el cero absoluto: 0 °Kelvin= =—273 ° centígrados) el gas está totalmente ionizado. La carga eléctrica de sus partículas confiere al plasma propiedades especiales. Puede conducir corriente eléctrica como lo haría un cable de cobre. Se le puede cambiar de forma mediante campos magnéticos. A veces actúa como un líquido. Bajo determinadas condiciones se comporta incluso como una masa gelatinosa que puede ponerse a vibrar pareciéndose así al protoplasma de una célula. De aquí su nombre de plasma.

El plasma, cuya investigación se halla

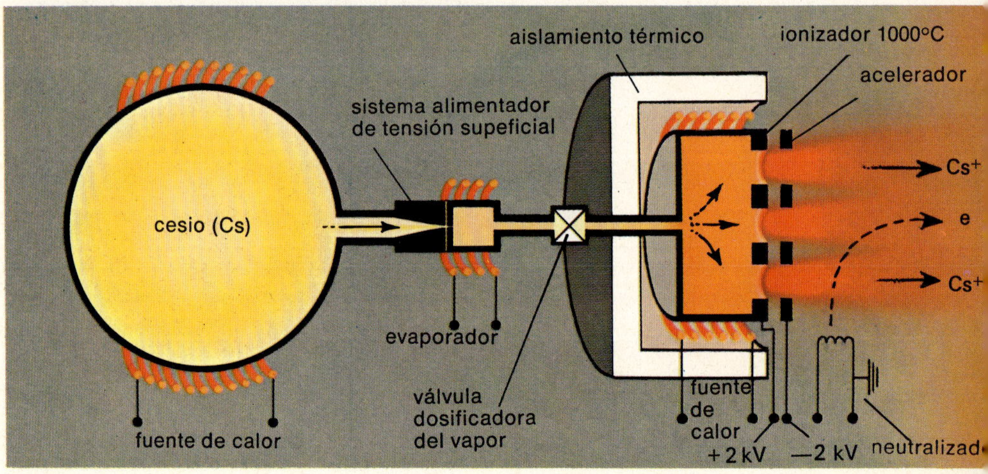

Aurora boreal artificial (izq.): se lanza y evapora bario a grandes alturas. Los rayos del Sol ionizan el vapor y sus átomos comienzan a brillar. Abajo izq.: También el arco voltaico puede generar un plasma (aunque no muy caliente) por lo que no es tan aprovechable.

apenas en sus comienzos, no sólo presenta interés desde el aspecto científico teórico, sino que puede ofrecer también aplicaciones prácticas, como en los campos de la fusión nuclear (pág. 46) de la propulsión de cohetes (propulsor iónico) de la producción de electricidad (generador MHD, pág. 32), de la astronomía y de la meteorología.

Los experimentos con plasma resultan especialmente problemáticos porque los plasmas de gran energía, los que más interesan, son calientes en extremo —tan calientes que no se pueden encerrar en ningún recipiente, sea del material que sea: se volatilizaría inmediatamente. Existe sólo la posibilidad de controlar el plasma bajo la acción magnética. Mediante líneas de campos magnéticos se puede «atar» prácticamente formando un haz o tubo *(pinch)* delgado (recluyéndolo en una «botella magnética»). Este truco o «efecto de pinch» impide que ese gas ultracaliente y con velocidades de rotación entre los 100 y los 1000 km/seg. entre en contacto con la pared del recipiente y se encarga además de que el plasma no se enfríe demasiado deprisa.

De todos modos, la botella magnética no es muy hermética. Al arremolinarse las partículas de plasma ocurre continuamente que en un punto u otro se acumulan partículas de una misma carga lo que hace surgir allí un campo eléctrico que se traduce a su vez en la formación de un campo magnético. Este provoca por su parte corrientes eléctricas que asimismo se inician formando otros campos magnéticos. De ese modo se originan cascadas de campos eléctricos y magnéticos que provocan la salida de corrientes de partículas de plasma de su prisión magnética.

Y existen también otras mermas que causan rompederos de cabeza al experimentador. Cuando los electrones se acercan mucho a un ion, alteran su dirección cinética y al hacerlo pierden energía que abandona el plasma en forma de rayos X o ultravioleta. Ocurre también que desde la pared del recipiente «saltan» al plasma moléculas o átomos. Allí establecen una interacción con los iones que tiene asimismo por resultado más pérdida de energía.

Por último, ese magnetismo que mantiene el plasma en jaque hace que los iones y electrones se muevan en órbitas en espiral. Resultado: más pérdida de energía. Todas esas dificultades (y otras más) hacen muy difícil al físico el conservar, siquiera durante unos microsegundos, un plasma compacto a alta temperatura.

Empleo del plasma en propulsores de «chorro ionizado» en las futuras naves espaciales. Izq.: En un plasma muy calentado, las partículas, totalmente ionizadas, desarrollan una velocidad enorme. Permiten así una potentísima retropropulsión.

La aplicación técnica del plasma se ha iniciado ya hace mucho tiempo. Con los denominados sopletes de plasma a inducción se alcanzan hasta 20 000° C. Arriba: Corte de una gran plancha de acero mediante un soplete de plasma.

Electricidad de «soles artificiales»: los científicos andan tras del reactor de fusión (termonuclear)

Las altísimas temperaturas necesarias para una fusión termonuclear pueden alcanzar actualmente 700 millones de grados Kelvin con el empleo de bobinas (magnéticas) supraconductoras; pero sigue ocasionando dificultades la «estabilización» del plasma. Dcha.: Un «estelarador» utilizado para experimentos previos con plasma.

Con la *fisión* nuclear se originan de un núcleo atómico de gran peso dos (o más) núcleos menores, cuya masa total es menor que la del núcleo fraccionado. La diferencia (defecto de masa) se transforma en energía. En cambio en la *fusión* nuclear, dos núcleos se funden y forman uno solo cuya masa es inferior a la de los dos primeros. También hay aquí un defecto de masa; en la fusión nuclear hay un «excedente» de energía.

La fisión nuclear condujo a la bomba atómica. La fusión nuclear fue la base de la bomba de hidrógeno. Pero mientras en el primer caso se ha conseguido producir una reacción en cadena controlada, que se utiliza en las centrales atómicas, no ha sido posible hacer lo mismo hasta ahora en el segundo.

En el interior del Sol y de otras estrellas fijas tienen lugar continuamente procesos del tipo del de la bomba de hidrógeno. Constituyen la fuente de la enorme energía irradiadora que da vida a la Tierra. Si se lograse reproducir esos procesos, no habría más problemas de energía. Además, un reactor de fusión nuclear trabajaría «limpiamente», es decir sin residuos radiactivos.

El problema en que trabajan hoy científicos en todo el mundo estriba en obligar a los núcleos atómicos de dos isótopos de hidrógeno (deuterio y tritio) a establecer un contacto tan estrecho que se fusionen formando un solo núcleo de helio. Ello no es muy fácil a las temperaturas y presiones de la Tierra: los núcleos se rechazan entre sí debido a la igualdad de su carga eléctrica. Por esa razón hay que imprimir a esos átomos un movimiento tan rápido que los haga colisionar con gran fuerza —es decir, con una velocidad de colisión de un mínimo de 1500 km/seg.

Pero el movimiento atómico dentro de una materia corre parejas con el calor. Cuanto más caliente está un gas, con mayor rapidez se arremolinan sus partículas. La mezcla de isótopos de hidrógeno necesita, por lo tanto, únicamente el «suficiente» calentamiento y entonces la fusión tiene lugar «por sí sola». Suficiente significa un mínimo de 200 millones de grados Kelvin.

El procedimiento más prometedor hasta ahora trabaja con un tubo de anillas (toro) en el que circula una corriente de plasma cuya libre flotación se mantiene mediante campos magnéticos. Esta corriente de plasma se halla bajo el efecto, a través de una descarga de condensador, de una corriente muy intensa (hasta de 200 000 A). De este modo se produce el efecto de pinch; el plasma se estrecha en forma de un fino tubo. Esto se traduce en una gran presión en el interior del tubo de plasma; simultáneamente se origina la tremenda temperatura deseada y se producen las fusiones nucleares buscadas. Hasta ahora sólo ha podido mantenerse el efecto de pinch durante unas milésimas de segundo. Como vemos, les espera aún mucho trabajo a los físicos del plasma. Su triunfo sería sensacional: un solo gramo de materia totalmente fusionado podría poner en ebullición un lago de cuatro metros de hondo y 1 km² de superficie.

Resultado de una prueba: se irradió con la ayuda de un láser esta placa de deuterio «congelado» —tuvieron lugar aquí fusiones termonucleares a temperaturas de siete millones de grados y 100 000 billones de partículas por cm³.

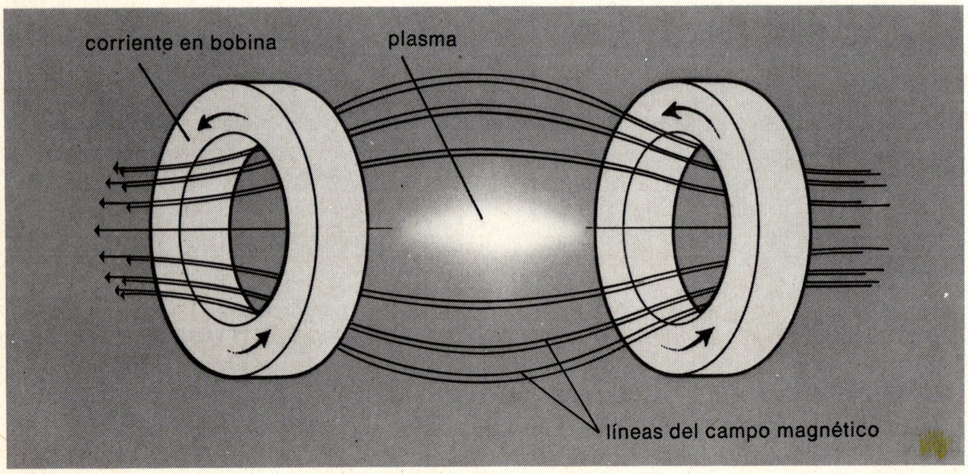

Se denomina «máquina espejo» un dispositivo experimental para «encerrar un plasma a temperaturas altísimas en un intenso campo magnético» (dibujo izq.). Bobinas magnéticas generan el campo necesario para acordonar el plasma —queda reducido a un hilo gaseoso de 1 mm de grueso. Se denomina a este método «compresión adiabática»: el plasma es comprimido sin que pueda ceder al sistema experimental el calor resultante— utilizando, en cambio, para calentar el plasma a temperaturas de algunos millones de grados.

Hochspannung
Vorsicht!
Lebensgefahr

La radiactividad: rayos invisibles producen efectos sorprendentes

En la naturaleza hay una serie de núcleos de átomos que emiten radiación espontánea. Debido a esa pérdida de sustancia se transforman en otros núcleos de menor peso atómico. El radio, p. ej., se convierte con el tiempo en plomo. Para valorar la velocidad de desintegración se parte del denominado período de semidesintegración = tiempo necesario para que la mitad de los núcleos se desintegre en forma de radiación. Ese período en algunos elementos muy inestables llega a ser de sólo una milésima de segundo, en otros se halla a alturas de millones y miles de millones de años.

Es precisamente el conocimiento del tiempo de semidesintegración el que facilita mediciones, como el carbono 14 (C^{14}) las cronológicas.

El número de sustancias radiactivas naturales es superior a 50. Mucho mayor es el de las sustancias radiactivas artificiales (producidas, p. ej., en reactores atómicos). Se conocen hoy día más de 1000. Se trata casi exclusivamente de «parientes radiactivos» (isótopos) de elementos estables. Estas sustancias y radiaciones desempeñan un gran papel en muchos campos de la medicina, la ciencia y la técnica. Hay que distinguir aquí tres «clases» de rayos de características totalmente distintas. Los rayos alfa consisten en núcleos de helio con carga positiva que se mueven a gran velocidad. Los rayos beta equivalen a electrones positivos o negativos. Los rayos gama son radiaciones electromagnéticas de onda corta; como tales están emparentados con los rayos X, pero tienen todavía mayor poder de penetración. Es común a todos los rayos radiactivos la posibilidad de lesionar el organismo humano: quemaduras, carcinogénesis y deterioros del idiotipo pueden ser consecuencia de una irradiación intensa, por lo que se han prescrito muchas medidas de seguridad para el manejo de estas radiaciones. Medidas vigentes también para la construcción de centrales nucleares. De cada 250 millones de pesetas que cuesta la construcción de una de esas plantas, corresponden a las medidas de seguridad no menos de nueve millones.

Al penetrar en una sustancia, los rayos radiactivos pueden provocar dos procesos que traen consigo modificaciones de las propiedades de la materia: por un lado pueden ionizar una parte de los átomos y por el otro pueden alterar las vinculaciones interatómicas. En medicina se utilizan estas radiaciones en el radiodiagnóstico (escintigrafía) y la radioterapia (bomba de cobalto). En la técnica alimentaria los rayos ayudan a la conservación y esterilización de los alimentos. En la agricultura se utilizan para combatir las plagas. En el campo de la prueba de las máquinas permiten localizar defectos internos de los materiales. También se utilizan los rayos en las técnicas de medición y regulación.

Tiene gran importancia el tratamiento radiactivo en la química de los plásticos. Las propiedades de muchos de éstos dependen totalmente del modo en que se hallan vinculadas entre sí las cadenas moleculares y la formación de estas cadenas es influida decisivamente por la radiactividad —de un modo más brillante que mediante la presión, el calor o los catalizadores. Aparecen nuevos materiales de dureza extraordinaria y cualidades totalmente nuevas. Reactores nucleares especiales proporcionan a la industria la energía radiactiva. Su intensidad oscila entre algunos miles y varios millones de curios (unidad de medida de la radiactividad).

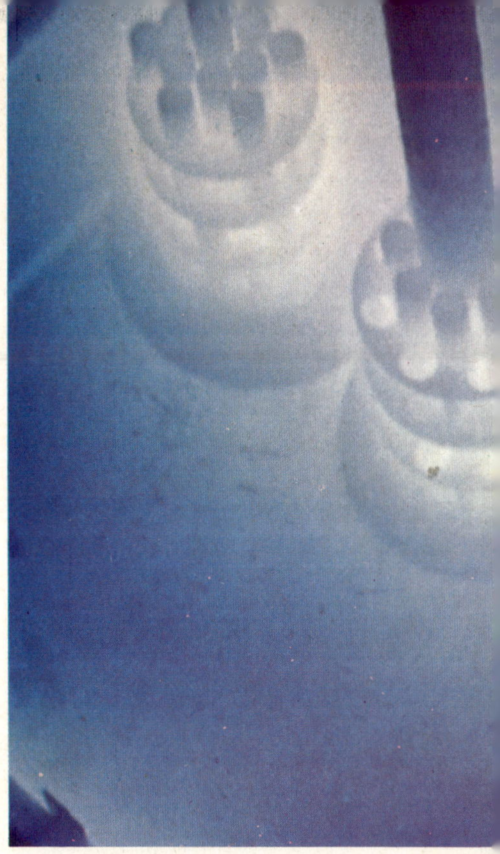

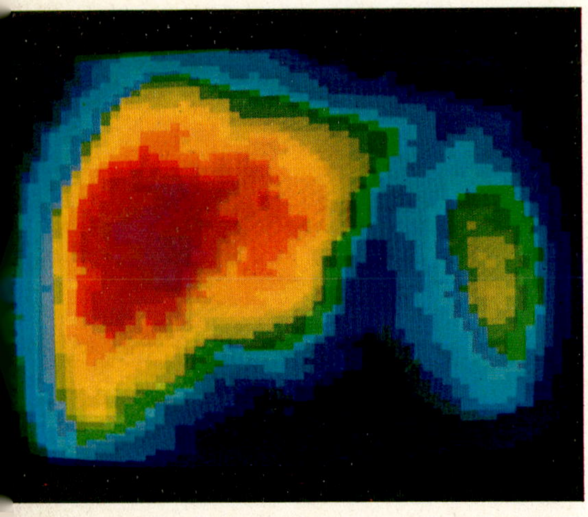

La medicina nuclear emplea isótopos radiactivos para fines diagnósticos. Se inoculan en el organismo sustancias radiactivas cuyas huellas pueden seguirse. La escintigrafía (izq.) nos indica la concentración de radiaciones.

Los trabajos con materias radiactivas se llevan a cabo, debido al gran peligro de la irradiación, en células «calientes» (dcha.). Complicados «manipuladores» a control humano llevan a cabo todos los trabajos —son tan sensibles que puede manipularse con ellos un huevo crudo sin romperlo.

La «zona caliente» de un reactor nuclear emite rayos radiactivos del gran poder energético que ionizan los átomos de aire en su torno haciéndolos resplandecer. También el agua que rodea las varillas de combustión puede presentar este efecto, llamado «resplandor de Cherenov» debido al nombre de su descubridor. La eliminación de esos desechos ocasiona problemas. Arriba: Cierre de un silo de desechos radiactivos en los EUA.

5 Los motores movilizan el mundo técnico

Una máquina, según el diccionario, es un conjunto de mecanismos combinados para recibir una forma determinada de energía, transformarla y restituirla en otra apropiada, o bien para producir un efecto determinado. Las máquinas del primer grupo se llaman máquinas motrices, las otras, operadoras. Pertenecen a ellas los turbogeneradores de las centrales eléctricas así como los motores de explosión de los automóviles, los reactores de los aviones (foto) y los motores eléctricos de las grúas portuarias.

El motor eléctrico es la máquina motriz más utilizada en el mundo. Nuevas formas nos demuestran que sigue en perfeccionamiento

Los motores eléctricos de los elevadores de las minas tienen que cumplir con cánones estrictos en cuanto a seguridad de funcionamiento y contra los derrumbes. Arriba: Puesto de mando de los motores de extracción de una mina moderna.

Desde que los tiristores entraron en la electrónica industrial como elementos transformadores, ha aumentado mucho la importancia de los versátiles motores de corriente continua. Abajo: Rotor de un motor eléctrico.

El motor eléctrico es hoy un instrumento tan «de cajón» que casi no se le tiene en cuenta si uno no tiene que ver con él como especialista. Resulta imposible enumerar siquiera las esferas de aplicación más importantes de esta máquina motriz, la más utilizada del mundo. Prácticamente todas las máquinas, operadores e instrumentos de trabajo fijos (así como numerosos móviles) dedicados a la aplicación de energía cinética, dependen de él. Si no existiese, la industria no podría trabajar, gran parte del tráfico se paralizaría y las amas de casa tendrían que volver a trabajar duramente. Los motores eléctricos impulsan las máquinas y bombas de las fábricas, locomotoras y barcos, aspiradoras y electrodomésticos.

Ya se ha explicado (pág. 30) el principio del electromotor —movimiento y con él fuerza a partir de la interacción de un campo magnético fijo y una bobina giratoria (o viceversa). Nada ha cambiado en este principio desde que se construyeron los primeros motores eléctricos. Sólo se hizo necesario construir motores especiales para ciertos fines, cosa que sigue haciendo la industria eléctrica en nuestros días.

Hay así motores graduables que al recibir determinado impulso de corriente no dan una vuelta completa sino un giro parcial del ángulo que se desee. Están indicados principalmente para dispositivos de dirección y regulación. Con ellos pueden abrirse o cerrarse gradualmente válvulas, p. ej., en un sistema de calefacción.

Otro adelanto es el motor supraconductor. Su embobinado trabaja al cero absoluto (—273 °C) o sea sin resistencia ni pérdidas, lo que a igualdad de tamaño supone una mayor potencia y a igualdad de potencia una reducción del tamaño del motor. Como la refrigeración por helio resulta tan costosa, los motores supraconductores sólo se utilizan actualmente para fines especiales como la navegación espacial.

El motor eléctrico convencional se compone de una parte fija exterior llamada estator y otra motriz que gira en su centro, denominada rotor y de cuyo eje deriva la fuerza motriz. Para determinados fines de la técnica de dirección y regulación no sirve esta estructura porque se requiere un impulso cuyo rotor carezca en lo posible de inercia (que no siga girando después de «parado») y que incluso a pocas revoluciones tenga un giro homogéneo y sin sacudidas. Ello se logra con el motor de disco.

Su rotor, denominado ancla en este caso, se compone de un delgado disco de material aislante en el que como sustituto del embobinado se han impreso delgadas bandas de cobre.

No guarda ninguna semejanza con un motor tradicional el motor lineal, que se encargará algún día de impulsar vehículos. El embobinado del electroimán se halla en este caso ordenado en dos rieles paralelos. Cuando se le somete a una corriente, se desplaza un campo magnético a lo largo de esos rieles (principio del campo «errático») capaz de poner en movimiento un carril metálico situado entre los rieles del campo errático. En este caso el riel del campo errático se denomina inductor y el carril metálico ancla. Se trabaja intensamente en el motor lineal en muchos grandes consorcios eléctricos del mundo. Su objetivo es la impulsión de vehículos de rieles.

Cuando los barcos mercantes no pueden atracar, potentes grúas flotantes montadas en pontones de ancha «manga» se encargan de la carga y descarga. Varios motores eléctricos combinados accionan los cabrestantes que suspenden en este caso el puente de mando de un barco en construcción. También son importantes estas grúas para el manejo de los «contenedores».

Los motores de combustión interna dominan las carreteras del mundo entero y lo harán en el futuro a pesar de los problemas que plantean

En 1894 tuvo lugar en Francia la primera carrera de automóviles. Desde entonces no ha perdido interés ese deporte, utilizado por la industria del automóvil como una especie de campo de pruebas en cuyo escenario se compilan experiencias útiles para el tráfico en general. Dcha.: Modelo desarmado de un Ford «Lotus».

Cuando la máquina de vapor se había impuesto en las fábricas —a mediados del siglo XIX— la industria ligera y los oficios manuales comenzaron a interesarse también por una fuente propia de fuerza que fuese más barata y sencilla que la dispendiosa máquina de vapor. Se llegó así a la construcción del primer motor de explosión —una máquina fija que utilizaba gas ciudad.

Nikolaus Otto también logró sus primeros éxitos con un motor de gas. Tenía 3 CV de fuerza y hacía un ruido ensordecedor. Pero no era utilizable en vehículos por depender de algún conducto de gas. Los inventores pensaron en la posibilidad de dotar al motor de una fuente de gas portátil. Y pensaron en la bencina. Se vendía en las droguerías para quitar manchas. Esa idea fue decisiva. En 1877, Nikolaus August Otto y Gottlieb Daimler solicitaron la patente de su motor de cuatro tiempos. Aparecieron los primeros automóviles y en 1892 patentó Rudolf Diesel el motor que lleva su nombre.

Los motores diesel y de cuatro tiempos siguen construyéndose hoy día con los mismos principios, si bien con muchos perfeccionamientos y sofisticación. En los últimos años se les ha añadido el motor de pistón rotatorio (motor Wankel) al que se predice un gran futuro. Mientras el motor de gasolina de cuatro tiempos se ha impuesto principalmente en los automóviles (habiendo desplazado casi del todo al de dos tiempos), el motor diesel desempeña su papel principal en los barcos, locomotoras y camiones. El motor Wankel, en cambio, hace competencia al motor convencional de cuatro tiempos, aunque todavía a escala limitada.

El principio de funcionamiento es igual en todos los motores de explosión: se comprime y enciende una mezcla de gas combustible y aire. La explosión de la mezcla impulsa el pistón (corredizo en los motores diesel y de 4 tiempos y rotatorio en el motor Wankel) que transmite su movimiento mediante una caja de cambios al eje del vehículo. Los gases quemados se expulsan a través del escape al aire exterior, constituyendo hoy día uno de los factores más agravantes de la contaminación ambiental a escala individual urbana.

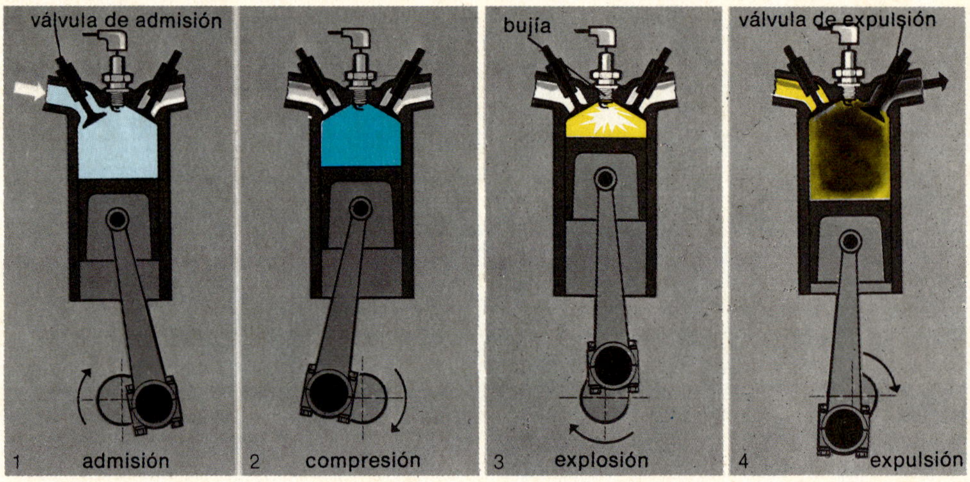

El pistón del motor de 4 tiempos aspira en el 1er tiempo (izq.) mezcla de gas y aire; la válvula de admisión está abierta. En el 2° tiempo (dcha.) se comprime esa mezcla; la válvula de admisión está cerrada.

La chispa de la bujía enciende en el 3er tiempo la mezcla comprimida. La presión de la explosión empuja el pistón hacia abajo (izq.). El 4° tiempo se dedica a la expulsión de los gases quemados —seguidamente se repite el 1er tiempo.

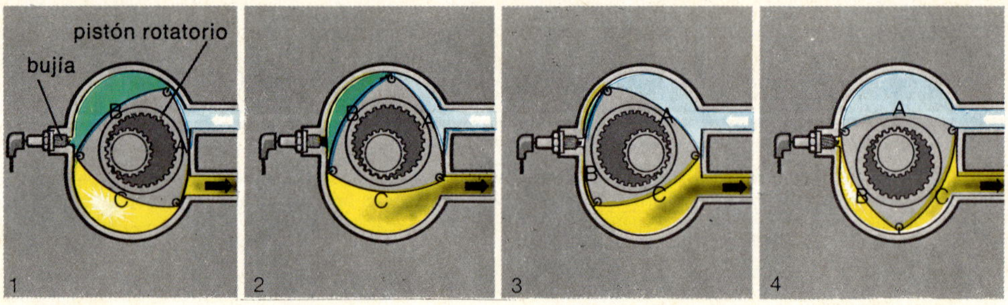

En el motor Wankel, las aristas del pistón triangular cierran entre sí tres cámaras distintas. A cada revolución tiene lugar en cada cámara un «proceso de 4 tiempos» con admisión, compresión, ignición y expulsión.

Explicación del ejemplo del primer cuadro: la cámara A expulsa abajo los últimos gases y comienza el tiempo de admisión arriba. La cámara B está llena de mezcla nueva que va a ser comprimida. La cámara C acaba de ser encendida.

Los perfeccionamientos de los motores de explosión aportaron en los últimos decenios un aumento de la potencia junto a menor peso y volumen. Se ha buscado sobre todo una mayor capacidad de aceleración. Como los carburadores convencionales en los motores de cuatro tiempos con alta compresión ocasionaban dificultades, se desarrollaron inyectores electrónicos que unen un mejor aprovechamiento y un menor consumo del combustible a una combustión más homogénea en los cilindros y una porción menor de componentes sin quemar en los escapes.

Se dibujan también nuevos métodos de ignición. Posiblemente el encendido actual efectuado mecánicamente (mediante un contacto de interrupción) será sustituido un día por un sistema en que la chispa sea provocada por un transistor o un tiristor. En el primer caso la energía se acumula como hasta ahora en el campo magnético de una bobina, en el segundo en el campo eléctrico de un condensador —en ambos casos sería necesario un sistema de control electrónico.

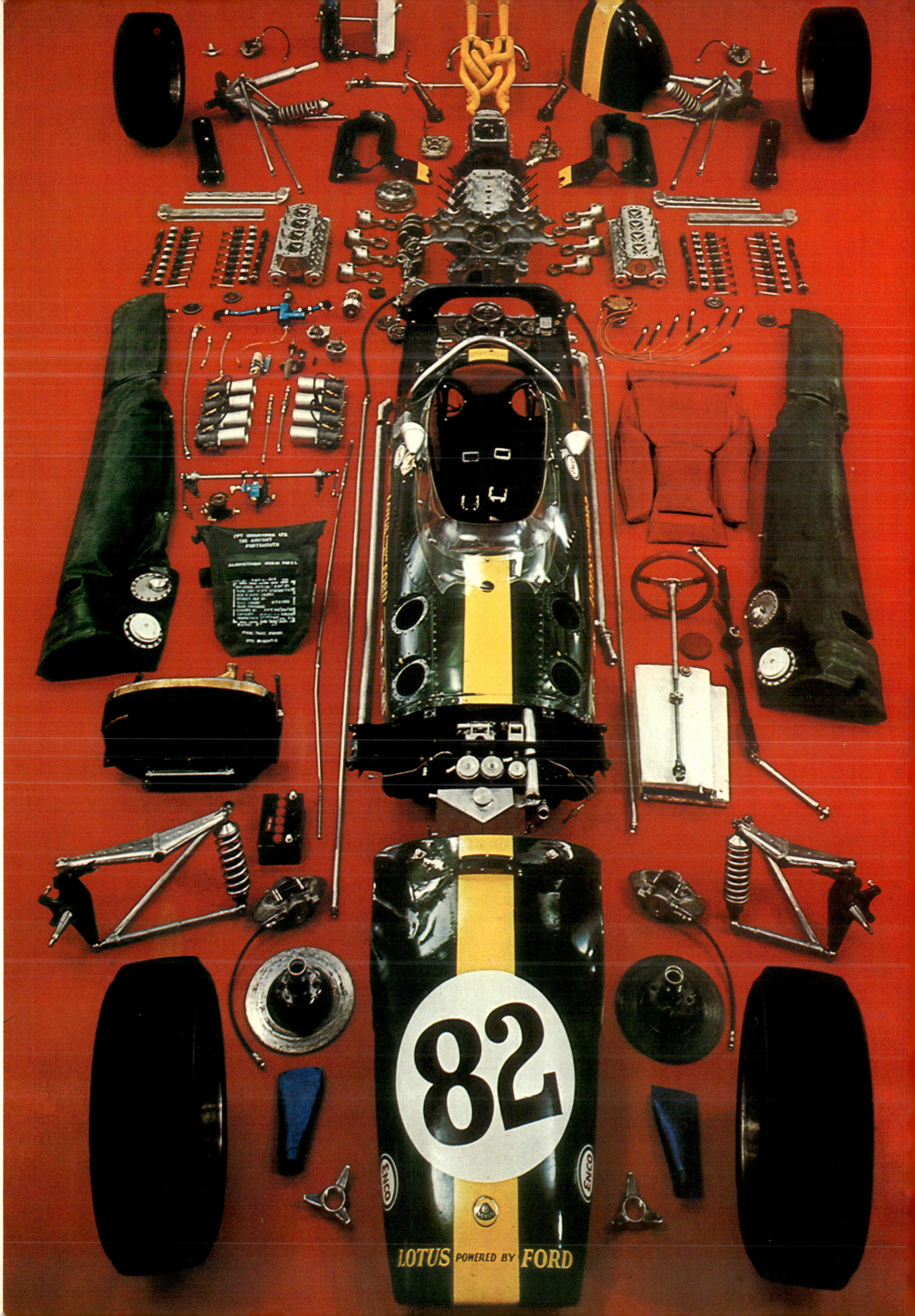
82
ENCO
ENCO
LOTUS POWERED BY FORD

Las turbinas son gigantescas máquinas de precisión que transforman en energía cinética la fuerza del agua o vapor

La cuna de todas las turbinas de hoy día estuvo en la rueda hidráulica. Las turbinas de agua y vapor, al igual que las de gas (pág. 58) no son en principio otra cosa que ruedas hidráulicas perfeccionadas: el agua o el vapor se proyecta con mayor velocidad o a tremenda presión contra un sistema de ruedas de palas. Estas ruedas se ponen en movimiento. Su energía cinética se convierte por lo regular en corriente eléctrica mediante un generador acoplado.

Las turbinas, tanto de agua como de vapor, aparecieron bastante últimamente en el escenario de la técnica. Hubo varias causas. Muy en general, la construcción de maquinarias tan grandes, encargadas de producir permanentemente potenciales tan elevados, presupone una tecnología desarrolladísima, y no se dispuso de la misma hasta fines del siglo XIX. Además, las turbinas de agua sólo resultaron interesantes cuando fue posible conducir la corriente eléctrica a grandes distancias. Tampoco se hicieron necesarias las turbinas de vapor hasta que las máquinas de vapor a pistones no hubieron alcanzado su potencia tope al paso que hacían falta fuentes de potencia mayores.

La estructura de una turbina de agua ha de adaptarse a la fuerza de agua disponible. Según la cantidad y altura de caída del agua se utilizan distintos tipos. Para grandes alturas está indicada la turbina Pelton. En ella sale el agua de una o más boquillas contra una rueda motriz con una corona de paletas. Trabaja con energía cinética por lo que se la denomina también «turbina de acción». En cambio con alturas de caída menores (y cantidades de agua mayores en general) se emplean las turbinas de Francis y helicoidales. El agua se dirige contra sus rodetes mediante paletas directoras. Como sólo derivan una parte de la energía de la fuerza cinética y dependen más bien de la presión del agua, se las denomina también «turbinas de reacción».

En las turbinas a vapor se dan también esos dos tipos principales. La turbina Laval se impulsa con chorros de vapor a velocidad supersónica, es una turbina de acción. En cambio la turbina Parsons deriva su energía de la presión del vapor, siendo una turbina de reacción. Como la presión del vapor disminuye al pasar por la máquina se divide a esas turbinas en varias cámaras (de presión alta, media y baja). Según disminuye la presión van siendo mayores las paletas de los rodetes. El vapor sin presión suele volver a condensarse en forma de agua, siendo devuelto a las calderas.

Las turbinas de agua pueden lograr grados de rendimiento superiores al 90 %. En las turbinas de vapor los valores correspondientes son bastante inferiores —del 40 a un máximo del 45 %. Ambos tipos de turbinas se emplean en la gran mayoría de los casos como fuentes de energía de los generadores de electricidad. Las turbinas de agua rinden hoy por unidad hasta 600 000 kW. Las turbinas de vapor pueden llegar a producir hasta 800 000 kW. Las centrales eléctricas a vapor suelen disponer normalmente de varios juegos (bloques) de turbinas.

Las turbinas Kaplan son adecuadas en casos de poca caída y gran volumen de agua.
Izq.: Un rodete Kaplan es colocado en la caja de la turbina.

Las turbinas de vapor se hallan sometidas a grandes fuerzas centrífugas debido a su gran velocidad de giro. A 3000 r. p. m. se producen fuerzas centrífugas de hasta 4500 toneladas. Un túnel revestido de acero (abajo) sirve para su experimentación.

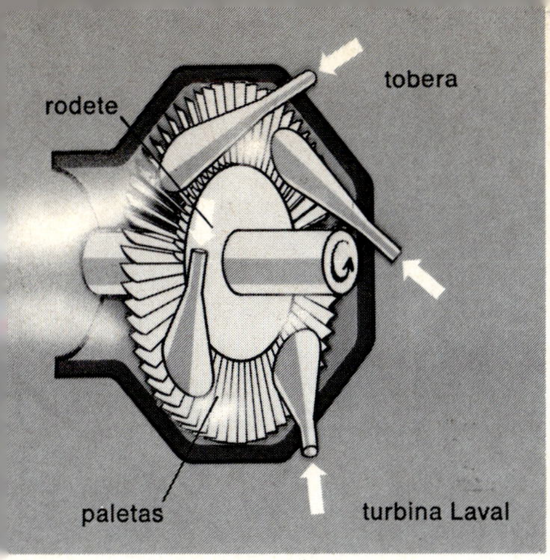

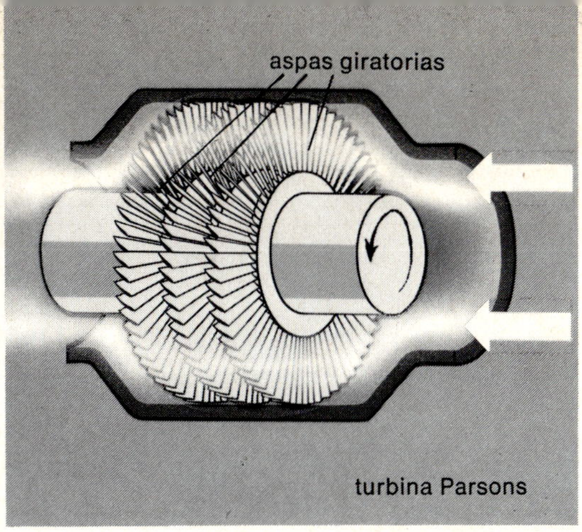

Los dos tipos más importantes de turbinas de vapor son la turbina Laval (izq.) impulsada por toberas y la turbina Parsons, dotada de paletas para expansión múltiple. En el primer caso se trata de una turbina de acción, en el segundo de una de reacción.
Abajo: Montaje de una turbina de vapor de varias cámaras tipo Parsons. El juego entero de turbinas, compuesto de secciones de alta, media y baja presión, puede tener 30 y más metros de longitud. Está acoplada (fija) a un generador.

Combinaciones de turbina, cohete y motor de combustión interna: los reactores «a chorro» impulsan aviones veloces

Las turbinas a chorro queman una mezcla muy comprimida de aire y combustible líquido. El empuje de los gases que salen hacia atrás por una tobera impulsa al avión. Los aviones como el DC-10 (abajo) necesitan el oxígeno del aire, pero pueden volar a grandes alturas, debido a la resistencia tan reducida que ofrece el aire allí.

Las ventajas del motor de explosión y de la turbina se reúnen en la turbina de gas. No la impulsa el agua ni el vapor sino que aprovecha la energía cinética y térmica de la combustión de gases. Al igual que en el motor de cuatro tiempos, se mezcla y enciende aire comprimido y un combustible gaseoso. Los gases calientes prestan su energía a las paletas de la turbina. Las turbinas de gas se emplean en centrales eléctricas, barcos y locomotoras. Desventaja: gran porcentaje de la energía obtenida se utiliza en la compresión del aire.

Los reactores a chorro, que conocemos principalmente por la aviación, van un paso más allá: combinan las ventajas del motor de explosión y la turbina con las del cohete. Principio: el empuje de corrientes de gases muy aceleradas sirve de fuerza impulsora. Hay diferentes posibilidades técnicas de realizar este principio.

El estatorreactor o autorreactor funciona sin partes mecánicas móviles. Al desplazarse el fuselaje hacia adelante, entra aire en el reactor y se comprime por la misma presión de acumulación. Ese aire comprimido se mezcla con combustible inyectado. La ignición de la mezcla produce una sobrepresión; los gases escapan por un angostamiento en tobera del reactor, proporcionando así un poderoso empuje. Los estatorreactores sólo trabajan «en forma» a partir de los 600 k/h, por lo que necesitan un impulso inicial exterior, p. ej. mediante cohetes y ello los excluye en la navegación aérea normal. Su ulterior desarrollo como «planeadores» del espacio, podría hacerlos un día muy interesantes para un tráfico espacial «cercano» (enlace con estaciones) en el que se prevén velocidades 25 veces superiores a la del sonido.

Lo más difundido hoy día son las turbinas de chorro. En ellas un compresor impulsado por la turbina se encarga de comprimir el aire que entra por delante. Se le mezcla con combustible y se le enciende. Los gases de esa combustión impulsan la turbina y salen entonces al exterior por una tobera produciendo un gran empuje. Estas turbinas son reactores que «respiran» y necesitan mucho aire. A grandes alturas la escasa concentración del mismo reduce automáticamente el efecto del reactor a chorro, pero como la resistencia del aire disminuye proporcionalmente a esas alturas, puede lograrse una velocidad resultante más elevada que en las capas bajas. A alturas de 10 a 20 km se hacen posibles velocidades que superan hasta tres veces la del sonido.

En los primeros años de la turbina a chorro los constructores añadían una hélice a cada juego de turbinas. Pero el turboreactor sólo sirve para velocidades inferiores a los 750 k/h —hoy se considera superado.

Un perfeccionamiento de la turbina a chorro lo constituye el reactor de manto de aire, empleado hoy día, p. ej., por aviones como el Boeing 747. Una parte del aire aspirado pasa por un «manto» que envuelve al reactor y llega directamente hasta los gases de combustión de la tobera, permitiendo un efecto de empuje aún más favorable al tiempo que se logra una mejor refrigeración del calentado motor.

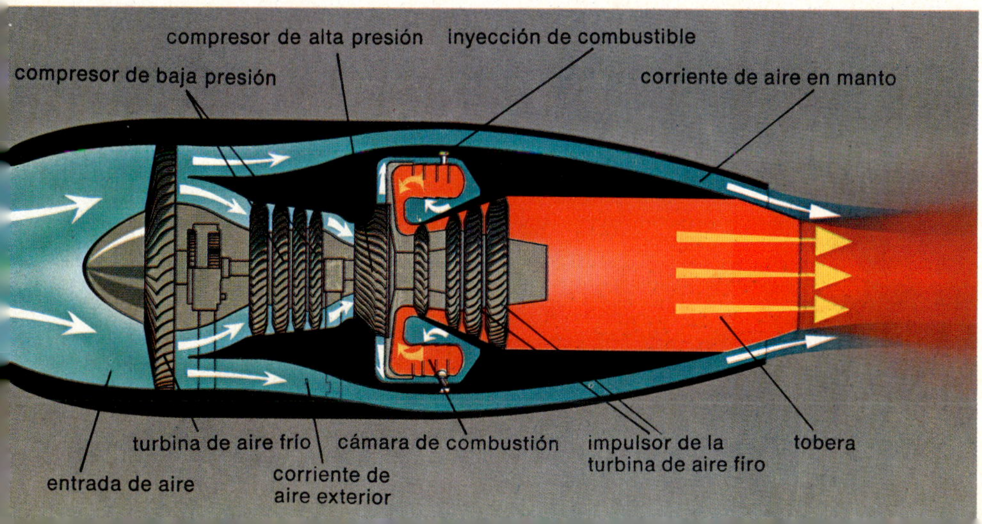

Un vistazo al interior del reactor de un avión de caza Starfighter revela la construcción simétrica del mismo. Los modernos gigantes del aire están dotados de reactores de cubierta. Según vemos en el esquema de la izq., estas «turbinas a chorro de la segunda generación» llevan un revestimiento tubular adicional externo, encargado de conducir directamente hasta la tobera gran parte del aire aspirado, lo que permite aumentar considerablemente el grado de eficiencia del reactor.

Los engranajes adaptan el rendimiento del motor a las revoluciones requeridas por la máquina

Algunos motores pueden prescindir de los cambios de velocidades. Tal ocurre, p. ej., con los electromotores del ferrocarril, las turbinas de las centrales o los reactores de los aviones de retropropulsión. Las diferentes velocidades se logran en estos casos exclusivamente reduciendo o aumentando la energía aplicable.

Pero cuando la máquina impulsada por el motor —puede tratarse de un ascensor, una grúa pesada, un torno o un automóvil— requiere una velocidad muy superior o inferior a la que corresponde a las revoluciones del motor, hay que acoplar entre ambos un engranaje corrector. Si se requiere una velocidad determinada basta con un engranaje inalterable, pero en el caso de velocidades y cargas variables como las que corresponden a un motor de automóvil, hay que disponer de todo un juego de piñones con posibilidades de cambio, incluyendo la marcha atrás.

Los automóviles suelen estar provistos de cambios de velocidades a base de ruedas dentadas. A cada marcha corresponde determinado par de piñones que entra en acción en una posición dada de la palanca de velocidades. Cuando la rueda dentada correspondiente al motor tiene la mitad de dientes que la rueda del eje de tracción, girará éste a la mitad de las revoluciones del motor. Como vemos no cambia la potencia del motor sino la velocidad de giro con que se transmite esa potencia (momento de giro). Por esa razón se habla también de cambios de momento de giro.

Al cambiar de una marcha a otra, una rueda en rotación encaja en otra que está parada. Esto produce inevitablemente la destrucción de los dientes. En los cambios antiguos había que recurrir para impedirlo a un acelerón intercalado. Hoy día las velocidades están «sincronizadas»: todos los pares de piñones giran continuamente y sólo en el momento de hacer el cambio se establece el acoplamiento del par en cuestión con el árbol correspondiente (mediante el desplaza-

Los malacates movidos por animales (o por hombres) eran muy usuales en el siglo XVI (izq.). Engranajes de madera se encargaban ya entonces de una conversión del momento de giro. Una selva de poleas (abajo) transmitía antes la fuerza motriz a las máquinas.

Los motores de explosión dependen de la caja de cambios porque únicamente logran su rendimiento idóneo a determinado ámbito de revoluciones (de 4000 a 6000 r. p. m.). La palanca de cambios (abajo) resulta cada vez menos indispensable por la automatización.

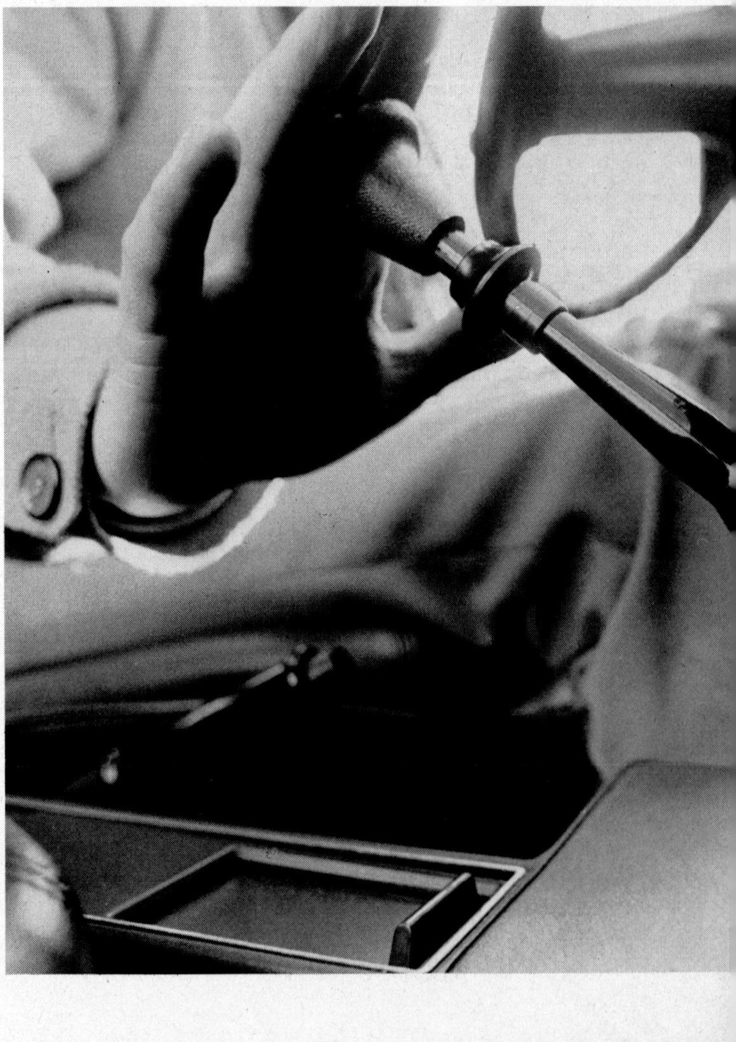

miento de los «manguitos»), lo que hace innecesario el doble embrague.
Es más cómodo todavía el cambio automático que en Europa (a diferencia de los EUA) se va imponiendo con bastante lentitud. Lleva a cabo por sí mismo los movimientos de los engranajes, rigiéndose por la velocidad de marcha, carga del motor y posición del acelerador. Dispositivos reguladores transmiten los impulsos a la caja de cambios. Su parte mecánica tiene la forma de un engranaje «planetario»: dentro de una corona dentada hacia adentro giran una rueda central (sol) y dos ruedas planetarias. La marcha seleccionada depende precisamente de cuáles de estas ruedas quedan libres o bloqueadas.
Al cambio automático corresponde además un embrague automático. El embrague normal es un embrague de fricción: dos discos giratorios establecen contacto a presión, transmitiendo así la fuerza del motor. Los cambios automáticos suelen estar dotados de embragues hidráulicos —un aceite sustituye el acomplamiento por fricción. Funcionamiento: si se colocan dos ventiladores frente a frente y se pone en marcha sólo uno de ellos el otro se pone a girar en seguida. De un modo parecido trabaja el embrague hidráulico —con aceite en vez de aire. Está indicado también para grandes cargas.

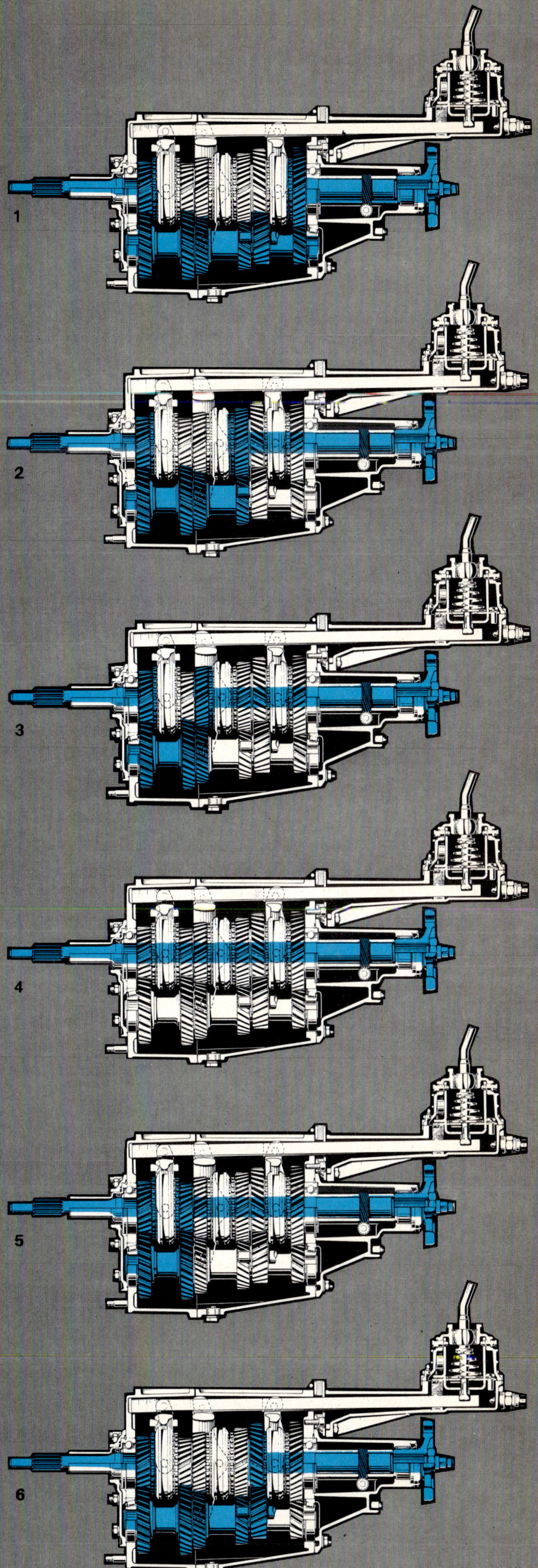

Corte de una caja de cambios sincromática tipo ZF, empleada sobre todo en coches deportivos y de carreras. Cinco marchas (1 al 5) se encargan de un aprovechamiento muy finamente escalonado de la potencia del motor. Los cambios son rápidos y seguros.

En el cambio de velocidades sincronizado, todos los juegos de engranajes giran continuamente. Un piñón de cada marcha se halla acoplado al árbol y el otro gira «loco» y no se acopla al árbol hasta que no «entra» su velocidad.

Las marchas 1.ª, 2.ª y 3.ª se encargan de que el árbol de tracción gire más lentamente que el cigüeñal. Se habla de una «reducción». En la 4.ª marcha (directa), el eje de tracción y el cigüeñal están acoplados directamente, sin reducir ni multiplicar.

En la marcha 5.ª (sobremarcha), el eje de tracción gira más aprisa que el cigüeñal, por lo que existe una «multiplicación». En la marcha atrás (reversa) (6) los engranajes se encargan de una reducción de las revoluciones y de una inversión del sentido de giro.

6

Las máquinas se fabrican con otras máquinas

Las partes móviles de todas las máquinas operadoras y motrices proceden de cinco máquinas elementales que ya conocía la antigüedad: la palanca (remo, balanza), la rueda (torno de alfarero, turbina), la polea (aparejo, grúa), la cuña (cincel, perforadora de aire comprimido) y el torno (taladro). Tampoco ha habido casi ninguna alteración en los fundamentos de la construcción de máquinas. Las piezas de que han de hacerse las máquinas se fabrican "en bruto" –ya sean fundidas o forjadas– y se las acaba con procedimientos rebajadores (p. ej. con taladros, tornos y fresadoras). Foto: Soldadura de una carrocería de automóvil.

Las bombas transportan líquidos y gases — sin ellas no habría refrigeración ni oleoductos

Una pequeña bomba de membrana se encarga del transporte del combustible desde el depósito del auto hasta el carburador. Un compresor inyecta aire en las ruedas del vehículo. Una bomba centrífuga pone en circulación el agua caliente de la calefacción central. Las bombas mueven el petróleo y el gas natural, las aguas negras y los productos químicos; climatizan locales y ventilan las minas. Las bombas proporcionan el vacío necesario en los tubos catódicos de TV y mantienen en circulación los líquidos refrigerantes de los frigoríficos.

También el corazón humano es una bomba y de la misma manera que el corazón ocupa el centro del acontecer humano, hay también en muchas esferas de la vida cotidiana y en numerosas ramas de la industria bombas grandes y pequeñas que constituyen los corazones de su funcionamiento. Cuando se descomponen se paraliza todo el dispositivo.

En correspondencia con los múltiples fines de empleo hay innumerables sistemas y tipos de bombas. Las más conocidas son las de émbolo: este émbolo va y viene dentro de un cilindro. Con la ayuda de válvulas se producen alternativamente presiones negativas y sobrepresiones que succionan e impelen los líquidos. Con bombas de este tipo se pueden elevar hasta una altura de 7,5 metros.

Alturas mayores exigen el empleo de bombas centrífugas: en el interior de una caja giran rodetes con paletas que ponen el líquido en movimiento. Las bombas utilizadas para mover el carburante en los vehículos trabajan mediante una membrana de goma u otro material parecido que funciona de un modo muy similar al pistón de una bomba de émbolo. Muy diferente es la construcción de las bombas encargadas de hacer el vacío (de crear un espacio muy enrarecido o incluso libre de aire en el que existe una baja presión). Las bombas de vacío por difusión emplean aceite o mercurio como medio motor (que se somete a evaporación). El chorro de vapor al dispararse paralelo y contiguo a un orificio que conduce al objeto que hay que vaciar, arrastra las moléculas de aire o de gas contenidas en ese objeto. Pueden lograrse efectos semejantes (vacío hasta una diezmilésima de atmósfera) mediante bombas de iones —al ionizar las moléculas de los gases las eliminan por vía electromagnética. También las bombas magnetohidrodinámicas (MHD) hacen uso de «trucos» eléctricos.

Las neveras e instalaciones frigoríficas suelen trabajar a base de «bombas térmicas». El calor existente en su interior es transportado hacia afuera mediante compresores y una sustancia refrigerante. La foto superior nos muestra una instalación de compresión y enfriamiento.

Los elevadores de barcos (fotos de la izq.) trabajan con bombas y otros dispositivos hidráulicos que levantan de un nivel a otro del canal las cajas de agua con las pesadísimas barcazas y todo. Su construcción es muy parecida a la de los ascensores.

Los compresores de pistón (dcha.) son bombas de especial construcción para el transporte y compresión de gases. De acuerdo con la compresión requerida pueden ser de una o más cámaras. Se las emplea principalmente en las refinerías de petróleo (foto) y la industria química.

Descargas eléctricas, explosivos y chispas subacuáticas: modelación en frío por nuevos métodos

Las turbinas rápidas, con sus 3000 y más r.p.m., plantean grandes exigencias en la construcción de sus rodetes. Se fabrican a partir de una sola pieza mediante un procedimiento de rebajado electroquímico (arriba); es el método más seguro que los hará más resistentes.

No hay que calentar ineludiblemente el metal para darle forma. Gran cantidad de chapas, p. ej., se laminan, prensan y estiran en frío, así en la industria del automóvil. Ciertos metales se pueden trabajar también en prensas de fusión en las que la alta presión se encarga de derretir el material. Generalmente se logra la forma definitiva de la pieza a base de un prensado en varias fases.

Con métodos del todo diferentes trabaja la moderna modelación ultrarrápida, que actúa sobre la chapa o pieza de gran tamaño con un solo impulso muy rápido y fugaz de gran densidad de energía, aplicándole un «choque modelador» que puede lograrse por vía mecánica (máquina neumática de alta presión, martinete de alta velocidad) como también con medios eléctricos: se cargan baterías de condensadores mediante rectificadores de alta tensión. En la fugacísima descarga fluye una corriente de varias decenas de miles de amperios por una bobina en la que la pieza a estampar es sometida a la presión de un intensísimo campo magnético (del orden de varios millones de Gauss). La descarga produce presiones hasta de 2000 atmósferas y dura sólo millonésimas de segundo.

El electroacero —de máxima calidad— se obtiene por refundición en gigantescos hornos eléctricos de arco voltaico (arriba un horno eléctrico de 45 toneladas).
El alma del horno eléctrico es un recipiente redondo, volteable, de dura lámina de hierro con revestimiento refractario. El «fogón» en forma de artesa de estos hornos está hecho de dolomita alcalina. Entre tres macizos electrodos de carbón o grafito (izq.) y un bloque de metal colocado en el horno se forma un arco que produce una temperatura de unos 3000 °C.

Se emplea también energía «capacitiva» generada de modo similar en la soldadura por impulsos. A diferencia de todos los demás métodos de soldadura, la descarga eléctrica es tan fugaz que la zona soldada no irradia calor alguno. Las piezas a soldar sólo se calientan en la juntura precisa, por lo que este sistema permite unir entre sí piezas perfiladas de diferente sección.

También pueden lograrse descargas de energía intensas y breves con la ayuda de explosivos; pero como el efecto inmediato de la explosión es tan difícil de controlar, los científicos han tenido la idea de transformar la energía química de la explosión en energía eléctrica (a través de la energía cinética resultante). De este modo se producen hoy día en generadores de alta corriente impulsados por explosión, corrientes y tensiones capaces de traducirse en choques de conformación.

No es menos eficaz la conformación a base de chispas subacuáticas. Su efecto fue descubierto en 1938 por el investigador soviético Leo Yutkin cuando por descuido se le cayeron en un recipiente con agua las terminales de una línea de alta tensión. Se produjo una «hidroexplosión». Yutkin aprovechó este descubrimiento para la construcción de un cincel electrohidráulico capaz de destruir gigantescos bloques de piedra mediante las ondas de choque producidas por las chispas subacuáticas.

Entretanto se ha perfeccionado mucho este sistema: al descargar una batería de condensadores dentro del agua, la evaporación origina una gigantesca onda de presión que se propaga en forma de onda de choque a velocidad supersónica y con una sobrepresión de varios miles de atmósferas. Se libera en ella durante una fracción de segundo una potencia de un millón de kW.

Las técnicas tradicionales para taladrar, fresar y pulir se complementan hoy con sofisticados métodos de abrasión

El que haya intentado alguna vez rebajar a lima un par de milímetros en un pedazo de hierro tiene una idea del tiempo y energía que pueden exigir las técnicas «productoras de viruta» en la elaboración de los metales. Por esa razón, la construcción de maquinaria tiende cada vez más a utilizar procedimientos «sin viruta» como la fundición, la forja y la prensa. Cierto es que en las fases de acabado no se puede prescindir a la larga de las técnicas de recorte de material. El método de acabado más antiguo a base de una herramienta «mecánica» es el taladrado —se remonta a la edad de piedra. Los taladros son hoy día de acero. Medios especiales de refrigeración permiten altas velocidades de perforación. También las técnicas de *rebaje* suelen utilizar instrumentos giratorios. Un disco amolador se compone de granos de un material duro (óxido de aluminio, carburo de silicio, diamante) engastados en un aglutinador de cerámica.

El método de desgaste más usual utiliza el torno. En él no gira la pieza activa sino la pieza a rebajar. La cuchilla del torno, a menudo de forma de cincel, efectúa un movimiento de avance. El *cepillado* sirve para alisar superficies o para formar un perfil determinado. Al cortar, serrar, recortar y estampar el metal, el material es separado por dos cuchillas de movimiento convergente. El fresado, que hace

El taladro es la más antigua de las técnicas que dejan viruta. En la foto de la izq. se aprecia claramente la viruta recortada por la broca. Se trata en este caso de un taladro vertical de gran potencia a mando numérico: un dispositivo automático lleva la broca de un agujero a otro.

Las fresadoras desempeñan un gran papel en la fabricación de máquinas. La cabeza fresadora rotatoria se compone de un cuerpo cilíndrico dotado de dientes similares a cinceles. Cada uno de ellos «saca» una viruta. Para eliminar el calor resultante se refrigera continuamente el lugar del corte con un aceite especial. Normalmente la fresadora está siempre en el mismo lugar — la pieza a trabajar es la que se mueve.

uso de fresadoras dentadas de diseño especial, se halla emparentado con la perforación y permite acabar formas muy complicadas. Al efectuarlo se mueve hacia adelante por lo regular la pieza a labrar mientras la cabeza fresadora gira en un sitio fijo.

Todas estas técnicas de desgaste convencionales han sido complementadas en estos últimos diez años por nuevos métodos de acabado eléctrico. Si p. ej., se «bombardea» con chispas una superficie metálica, se provoca un calentamiento agudo en una zona muy reducida, con desprendimiento de partículas del metal. Este método de abrasión por chispas permite una regulación muy exacta graduando la intensidad de la corriente y la duración de su efecto. Se logra una precisión del orden de milésimas de milímetro.

Esta esmeradísima técnica se presta sobre todo para la construcción de piezas individuales, por ejemplo de herramientas. En cambio, los métodos electroquímicos sirven también para el acabado en serie. Mediante la electrólisis, una corriente continua desintegra lentamente combinaciones químicas en sus componentes simples. Se la utiliza por ejemplo para dar baños de plata o cobre. Pero también se pueden rebajar por electrólisis partes de una superficie metálica, p. ej., en el acabado de rodetes de turbinas (foto pág. 68). Es muy conocido el rebajado electroquímico con el que se pueden lograr desgastes con una precisión de centésimas de mm.

El método electrolítico puede unirse a un método de desgaste mecánico. Esta combinación en la que la electroquímica desempeña sólo un papel auxiliar, interesa sobre todo en los casos de acabado difícil (p. ej., en piezas durísimas, aceros especiales, etc.). Citemos aquí el amolado electroquímico en el que el disco de amolar hace simultáneamente de electrodo. El consumo de energía mecánica no es mayor aquí que en un método exclusivamente mecánico, pero la incorporación de la electrólisis permite lograr un acabado muy superior.

Las máquinas herramientas automáticas se controlan por dispositivos electrónicos. Así la máquina vigila su propio trabajo

Según una definición de C. M. Dolezalek, la automatización consiste en «una disposición tal de los procesos técnicos que el hombre no necesita intervenir para su funcionamiento ni de un modo permanente ni a un ritmo obligado». Se inicia con la automatización de la técnica de trabajo de algunas máquinas de una empresa manufacturera y puede llegar en el caso ideal hasta constituir una cadena cerrada de elaboración que abarque desde el suministro del material y su trabajo hasta el empacado y envío finales. Sus medios comprenden los más diversos aparatos de medición y regulación, dirigidos y controlados a su vez por dispositivos electrónicos de proceso de datos.

La mayoría de los productos en gran serie se fabrican ya hoy en procesos de trabajo automatizados, si bien el grado de automatización de los mismos puede ser sumamente diferente.

Los fundamentos de la automatización pueden apreciarse de un modo ideal con el ejemplo de una sola máquina destinada al acabado de una pieza muy determinada. Al planear la producción se transmiten las mediciones deseadas en la pieza acabada de acuerdo con los diseños de construcción como valores ideales en forma de combinaciones codificadas de agujeros en tiras perforadas (o bien según otros métodos a otros transmisores de datos). Estas informaciones se

pasan al «cerebro» de la máquina que los interpreta y almacena para efectuar el proceso de trabajo requerido.

La máquina misma se encarga entonces del control de su actividad. De acuerdo con la posición de la parte correspondiente de «sí misma» o de la pieza, «averigua» los valores reales logrados. Su comparación con los valores ideales almacenados arroja una diferencia que se traduce en un impulso corrector. El «cerebro» de la máquina sigue dando esos impulsos correctores hasta que coinciden los valores ideal y real. En ese momento, la pieza acabada corresponde a las medidas deseadas y puede comenzar ya la fase siguiente de su elaboración.

Este método de control «numérico» ha sido perfeccionado mucho en estos últimos años, sobre todo en conjunción con las llamadas procesadoras que no sólo guían y controlan máquinas individuales sino procesos completos de trabajo con «gran responsabilidad». Por ejemplo se pueden programar estas calculadoras de tal modo que se encarguen de lograr costos o tiempos de fabricación especialmente bajos (optimación). Es más sencillo el sistema de la regulación tope. Consiste en ajustar las condiciones de fabricación a las cuotas de producción de un modo automático y de acuerdo con determinados valores tope fijados previamente. De ese modo puede hacerse que las máquinas saquen siempre dentro de un tiempo determinado una cantidad concreta de viruta metálica o que hagan automáticamente las carreras en vacío (sin perder el tiempo que correspondería usualmente a esas fases). Esto permite aumentar más los niveles de producción.

Hoy día suelen disponerse de tal modo los mandos de las máquinas que sus sistemas puedan acoplarse sin dificultades a los grandes complejos de fabricación a cargo de computadores. Hay que incluir por supuesto en el *planning* previo la posible necesidad de tener que transmitir eventualmente al computador algunas funciones de los mandos de las máquinas empleadas.

Las máquinas herramientas a mando numérico desempeñan con exactitud y en poco tiempo trabajos en sí muy complicados. Arriba: La dirección electrónica está instalada en la inmediata vecindad de la máquina automática. Dcha.: Los tiristores son indispensables para la transmisión de impulsos de dirección. Izq.: Esta taladradora universal dispone de un depósito con brocas de distinto calibre y longitud. La dirección electrónica se encarga del cambio automático de las herramientas según la tarea que deba realizar.

Ya no son utopía las fábricas sin personal controladas por un solo vigilante desde un puesto de mando

El computador de procesos que no se limita a dirigir una sola máquina sino sistemas enteros de máquinas o ramas de la producción no es ya la última palabra de la automación. En los procesos complicados se le hace trabajar ya hoy en combinación con otros computadores o se someten varios procesadores a un robot «jefe». Esta constelación de computadores puede llevarnos un día a sistemas integrados de proceso de datos con posibilidades inimaginables. Los sistemas de este tipo no constituyen ya hoy ninguna utopía.

Tanto el tren de laminación (dcha.) como el tren de transferencia para el montaje de agregados del eje trasero en la industria automovilista (abajo) trabajan bajo mando numérico total: numerosas operaciones individuales se llevan a cabo automáticamente, sin intervención humana, controladas por dispositivos electrónicos. El especialista desde su puesto de mando observa el funcionamiento en un monitor.

La etapa siguiente del mando automático progresivo de maquinarias es la banda de transferencia, que tanto se ha impuesto, sobre todo en la industria del automóvil. Distintos componentes, p. ej., los motores, son terminados en líneas de montaje. Varias máquinas especiales efectúan simultáneamente distintas operaciones de fabricación en otras partes que se desplazan también a un ritmo concordante. La banda de transferencia se controla desde un puesto de mando. El sueño —para tantas personas pesadilla— de la fábrica vacía de gente, se ha hecho ya realidad en la industria del automóvil.

También en otras ramas industriales se abren cada vez más paso los computadores de la esfera de la fabricación. El campo de los cerebros electrónicos abarca tanto el cálculo de datos para la fabricación con maquinaria convencional como el mando simultáneo de sistemas enteros de maquinaria. Inevitablemente el desarrollo y construcción de nuevas máquinas industriales sufre la influencia directa de las condiciones impuestas por el computador. Pueden observarse dos importantes tendencias evolutivas al respecto: para la fabricación en series pequeñas se fabricarán cada vez más máquinas universales a modo de centros de fabricación de gran versatilidad. Una sola de estas máquinas puede ejecutar consiguientemente numerosos procesos diferentes. En tal caso no sólo se controlan por vía electrónica automática las funciones propias de la máquina, sino también numerosos trabajos auxiliares: cambio de herramientas sin intervención humana, recambio de herramientas gastadas, colocación automática de la pieza a trabajar, etc.

La otra tendencia afecta a sistemas de fabricación en series medianas y grandes. En lugar de la máquina universal se emplea aquí la máquina especial, pero no circunscrita forzosamente a una sola

fase de trabajo. Las máquinas de este tipo se combinan en forma de un sistema de grupo. Estas máquinas «encadenadas» entre sí por dispositivos de transporte y colocación (dispositivos encargados de colocar la pieza a trabajar en la posición precisa) van dirigidas simultáneamente (por sincronización recíproca) por un computador de procesos. Este se encarga no sólo de las tareas existentes en la nave de fabricación sino que mediante un control activo de la afluencia de material se ocupa del abastecimiento idóneo de las máquinas.

El computador de procesos no sólo influye en el trabajo de las máquinas-herramientas sino que plantea también especificaciones con respecto de la «hardware» (dispositivos de cálculo, mandos numéricos, contadores) y de la «software» (programas para los computadores). En el campo de la «hardware» hay que desarrollar p. ej., sensores más completos, para que el computador de procesos pueda ser alimentado incesantemente con los datos de los procesos de fabricación. De esos datos deriva entonces sus órdenes. En el campo de la «software» se procura conseguir programas simplificados para los mandos numéricos. Las empresas menores tienen la posibilidad de alquilar temporalmente (time-share) esos servicios a un centro computador.

Por otra parte se sigue trabajando en el perfeccionamiento de sistemas de computación superiores —como los que se requieren para el mando simultáneo de todo un sistema de fabricación compuesto de numerosas máquinas-herramientas. Las máquinas carecen en este caso de encargados individuales y las dirige únicamente un computador de procesos. Por último un problema relacionado directamente con este sistema es el de la programación de un planeamiento de fabricación idóneo. Los datos necesarios al respecto los suministra el computador central. Se elaboran a base de complicados procedimientos de cómputo estadístico y se traducen en ventajas técnicas y comerciales para la empresa.

7

Nuevos caminos de la materia prima al producto acabado

Los técnicos no pueden inventar materias primas nuevas. Tienen que habérselas con las que les ofrece la naturaleza. Comoquiera que todos los materiales básicos que interesan a la industria son conocidos desde hace siglos, las probabilidades de descubrir algo realmente nuevo deberían ser muy escasas. Pero las apariencias engañan. Nunca han trabajado técnicos y científicos en tan estrecha colaboración como en nuestros días. El resultado son las innumerables nuevas posibilidades en el camino de la materia prima al producto.

Foto: Carrusel de colada para la fundición de lingotes de cobre.

Las aleaciones cambian las propiedades de los metales — a menudo con resultados sorprendentes

Los metales son elementos químicos con una serie de cualidades especiales: solidez a la temperatura normal (excepto el mercurio), brillo, opacidad, buena conducción del calor y electricidad. Son causa de estas propiedades los átomos metálicos, que forman cristales en sistemas reticulares, distinguiendo a cada metal una estructura cristalográfica particular (y paralelamente propiedades especiales).

El retículo del cristal presenta una estructura tal que queda lugar suficiente para la colocación de átomos de otros metales. Y así nacen las aleaciones. Algunos metales, sobre todo el hierro, pueden incluir también átomos de otros elementos en su propio retículo —p. ej., de hidrógeno, carbono y nitrógeno. Las propiedades de las aleaciones pueden ser básicamente distintas de las de los elementos originales. Mientras la técnica de las aleaciones se basaba antes principalmente en valores experimentales, se ha desarrollado en los últimos decenios toda una rama especializada con fundamentos científicos. En muchos casos pueden predecirse hoy día las propiedades de nuevas aleaciones. Y así se han originado aleaciones que se utilizan para soldar (soldadura, soldadura fuerte), u otras que desempeñan importante papel en la técnica de la fundición.

La fabricación de artículos técnicos y de consumo y de mercancías de uso doméstico requiere frecuentemente el empleo de métodos de soldadura. En otro tiempo sólo se podía soldar «a mano». Desde que existe la soldadura fuerte con plata, de bajo punto de fusión, la industria emplea sistemáticamente las soldaduras automáticas, de funcionamiento rápido y barato — son un ejemplo del ventajoso empleo de las aleaciones.

Los ejemplos clásicos del desarrollo de la metalurgia son el hierro y el acero. El hierro (crudo) fundido técnicamente en el alto horno contiene siempre mezclas (útiles y también perjudiciales) de otros elementos en gran escala, sobre todo de carbono, manganeso y silicio (útiles), y de fósforo, azufre, nitrógeno, oxígeno y algunos metales (perjudiciales). Los componentes perjudiciales se eliminan del hierro con diferentes métodos; y así se convierte en acero. El hierro puede librarse de gran parte de sus impurezas p. ej., mediante el afinado, consistente en poner el metal fundido en contacto con oxígeno. Este oxida muchos elementos extraños que pueden separarse en forma de escorias. Los gigantescos convertidores en que se desarrolla este proceso suelen estar revestidos por dentro con material mineral que fija otras impurezas. Hoy día pueden modificarse prácticamente a voluntad las propiedades del acero a base de aleaciones metálicas o no metálicas. Así, el silicio aumenta la dureza, elasticidad y conductibilidad eléctrica del acero por lo que se utiliza el acero-silicio en la fabricación de resortes y transformadores. El níquel y el nitrógeno, así como el titanio y el niobio se emplean en la producción de acero inoxidable. El manganeso aumenta la dureza y reduce el desgaste —y se hacen de acero-manganeso los dientes y bocas de las perforadoras e instrumentos similiares. El molibdeno hace el acero duro y resistente a la corrosión por lo que se le utiliza en las herramientas y en los procesos que incluyen grandes oscilaciones de temperatura y ataque de ácidos. El cromo, vanadio y wolframio confieren al acero enorme dureza. El cobalto perfecciona en cambio sus propiedades magnéticas.

En las piezas de altas especificaciones, p. ej., para reactores de avión o vuelos espaciales, se requieren aleaciones de máxima resistencia. La investigación ha demostrado que si se funden nuevas aleaciones con exclusión total de nitrógeno, oxígeno e hidrógeno (en una atmósfera de gas protector) pueden lograrse materiales de propiedades totalmente nuevas. Se emplea ya ese sistema en las aleaciones con titanio. Se consiguen resultados similares cuando el proceso de fundición tiene lugar en un espacio sin aire (alto vacío). Llegará un día en que tal vez puedan lograrse esas aleaciones en talleres espaciales giratorios en torno a la Tierra.

Las superaleaciones empleadas hoy día en los reactores han de resistir temperaturas muy cercanas al punto de fusión. En los próximos veinte años es de creer que sigan aumentando las temperaturas de arranque y crucero de los reactores —hasta los 1500 °C y más.

La obtención del acero a partir del hierro de fundición equivale a una «cura de supresión»: se trata de eliminar del hierro fundido el carbono y otras impurezas. El metal obtenido al sangrar un alto horno (arriba) tiene una aplicación directa muy limitada. Solamente al cabo de complicados procesos de elaboración se transforma en acero fino, base de muchas aleaciones de gran rendimiento.

El método de Thomas, tan extendido en la producción de acero (abajo), se emplea cuando el material de partida contiene demasiado fósforo. Cada convertidor Thomas acoge hasta diez toneladas de arrabio. Sus paredes interiores están revestidas de dolomita alcalina que se combina con el fósforo. (Después se la muele y aprovecha en forma de «harina de Thomas» = abono fosfatado). Existen otros métodos de funcionamiento similar.

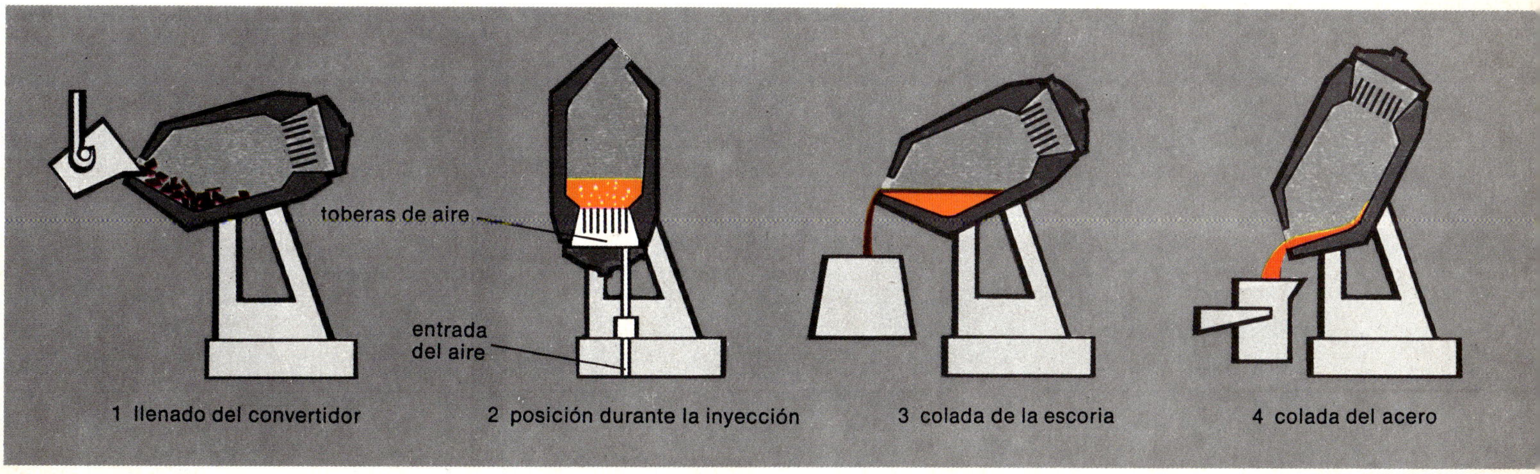

En los laboratorios de la industria se desarrollan materiales «a la medida» del fin de utilización

La iniciativa de los estudios que han aportado «materiales a la medida» en algunas esferas de la técnica partió en primer lugar de nuevos campos de trabajo y de sus requisitos especiales —de las técnicas espacial, nuclear y de los semiconductores.

En la construcción de estos últimos (como los transistores) los ingenieros se han visto precisados a buscar metales de una pureza extremada. Se vio que lo que hasta entonces se consideraba como metales «puros», se hallaban «contaminados» en realidad casi siempre aunque en proporciones ínfimas por átomos extraños dentro del retículo de sus cristales. Precisamente esos átomos extraños eran la causa de propiedades físicas y mecánicas que, aunque características de metales «químicamente puros», eran inadmisibles en metales para fines especiales.

El resultado de esas investigaciones ha sido, por un lado, la producción de metales realmente puros. Por otra parte ha alcanzado un alto grado de perfección la técnica de la «contaminación selectiva» del retículo para la obtención de materiales de calidad muy determinada para fines especiales. Hoy día se pueden producir materiales «a la medida» ultrasólidos, idóneos para la técnica de soldar o resistentes a la corrosión, muy fáciles de conformación o imantación. La técnica de las aleaciones (ver pág. 78) ha salido muy favorecida. Se han logrado resultados similares con metaloides y con sustancias orgánicas.

Pero también pueden lograrse cambios en la estructura de los cristales a base de presiones elevadísimas. Estas hacen al parecer que las órbitas de los electrones externos se derrumben, lo que hace que los átomos puedan establecer entre sí enlaces adicionales que se traducen en

Un camino directo nos conduce desde los alambiques de los alquimistas hasta los laboratorios metalúrgicos y los altos hornos de las modernas acerías. Muchos conocimientos del hombre primitivo siguen siendo actuales.
Ext. izquierda: Interior de un taller de alquimia. Izq.: Laboratorio de mineralogía para el análisis de minerales de hierro
Abajo: Estructura microscópica de una aleación de cinc. El especialista en metalurgia puede sacar importantes deducciones a la vista de esta sección corroída.

una mayor densidad del material. Se habían podido observar antes fenómenos de este tipo en la elaboración de diamantes artificiales. Un diamante no es otra cosa que carbono puro con una estructura cristalina especial.

Algunos metales, debido a su elevado punto de fusión o a una dureza mecánica especial, no pueden formar aleaciones susceptibles de una elaboración ulterior. En cambio se pueden sinterizar en polvo bajo la acción de alta presión (6 t/cm^2) y temperatura (más de 1200 °C). El resultado son cuerpos de metal duro más o menos porosos. En la sinterización denominada también «pulvimetalurgia» se emplean generalmente los carburos (combinaciones con carbono) de metales de alto punto de fusión como el wolframio, titanio, niobio, tántalo y vanadio como componentes «duros» y proporciones menores de metales de bajo punto de fusión (p. ej., el cobalto) como aglutinadores. Se hallan hoy día muy difundidas las piezas sinterizadas. Un automóvil con cambio automático puede contener hasta 100 de esas piezas. También en los aparatos caseros desempeña ya un gran papel la metalurgia del polvo (uno de los adelantos técnicos más importantes de los últimos años); p. ej., en los electrodomésticos. Los metales sinterizados tienen la ventaja de que cada uno de sus componentes conserva sus propiedades características —a diferencia de las aleaciones que producen materiales de cualidades totalmente nuevas. Esta peculiaridad de los metales sinterizados permite la producción en masa de materiales casi para todos los fines. Existen mezclas sinterizadas muy porosas que se emplean como filtros en las conducciones de aceite y otras muy compactas (p. ej., para piezas de gran rendimiento en vehículos) en las que no se advierte ya ningún poro.

Nuevos métodos hacen mucho más efectivos los «baños metálicos» de los metales

Gran parte de la lámina de acero es sometida a un «baño» de cinc. Goza de preferencia el método galvánico frente al de inmersión viva. Dcha.: En esta instalación de galvanizado, una lámina continua de acero pasa por un baño de cinc electrolítico. La superficie galvanizada ofrece protección contra alcoholes, gasolina y aceites.

Existen un sinfín de métodos para proteger la superficie de un producto contra las influencias externas —contra el desgaste y los golpes, el óxido y la corrosión, etcétera—: las pinturas y lacas, plásticos y óxidos metálicos, grasas y ceras son sólo algunos ejemplos. Los objetos de metal suelen ir cubiertos de una capa muy tenue de otro metal. Existen al respecto algunos métodos conocidos y muchos de nueva invención.

Los más frecuentes son los baños electrolíticos de piezas metálicas; la corriente eléctrica se encarga de extraer el metal en cuestión (p. ej., cinc, estaño, níquel, cromo, cadmio) de una solución salina del mismo depositándolo en las piezas. Este método, llamado galvanotecnia, tiene la ventaja de permitir el control exacto del espesor del «baño». Ultimamente se galvanizan también superficies de plástico, previamente esmeriladas y convertidas en conductoras mediante una capa de cobre.

En los métodos de inmersión se utilizan metales fundidos (cinc, estaño, aluminio, plomo, plata) en los que se sumerge el producto y se habla entonces de un plateado, estañado, etc. «a fuego». También se puede dar un baño a pistola empleando metales fundidos.

Es más reciente el método de difusión en el que el metal protector no sólo forma una película superficial sino que penetra también en la capa superior de la pieza con lo que se produce una adhesión muy sólida. En la práctica se «encama» el objeto durante 12 a 14 horas en polvo de cinc o de cromo calentado a 360 °C.

También puede lograrse una delgada película metálica externa mediante evaporación al alto vacío. De este modo se pueden platear espejos metálicos o dorar esferas de reloj. Pero la técnica por evaporación se ha impuesto principalmente en la fabricación de componentes electrónicos (circuitos sólidos integrados) en los que se requieren determinados valores eléctricos exactos.

Por último existe también la posibilidad, remotamente vinculada con la galvanotecnia, de lograr baños metálicos por intercambio iónico. El objeto (agujas de coser y otras piezas pequeñas) se sumerge en una solución salina de otro metal, produciéndose un intercambio de iones entre el objeto y la solución.

Los revestimientos de plástico se llevan a cabo hoy día frecuentemente mediante lacas de dispersión —contienen plástico en forma de partículas finas, estables e iguales (coloidales) que actúan en una solución acuosa de un modo similar a los iones si se las somete a una corriente continua: se dirigen hacia el cátodo depositándose en él. Sirve de cátodo en este método de laqueado electroforético el objeto a laquear.

Está emparentado con esta técnica el laqueado electrostático. La pintura, dotada de carga eléctrica, se pulveriza con una pistola sobre un objeto que «hace tierra», lográndose así una mano de pintura sumamente homogénea. Resulta además muy económico el utilizar el método electrostático.

Los cubiertos se platean mediante galvanización en un baño de plata (abajo). La corriente eléctrica transporta las partículas desde una placa de plata (ánodo) hasta los cubiertos (cátodo) en los que se depositan formando una capa muy homogénea.

La fabricación de discos prepara las matrices (moldes de prensado) con un método galvanotécnico. Primero se hace un molde negativo del original del que, a través de un positivo intermedio, se saca la matriz definitiva. Abajo: Separación del original y el molde negativo.

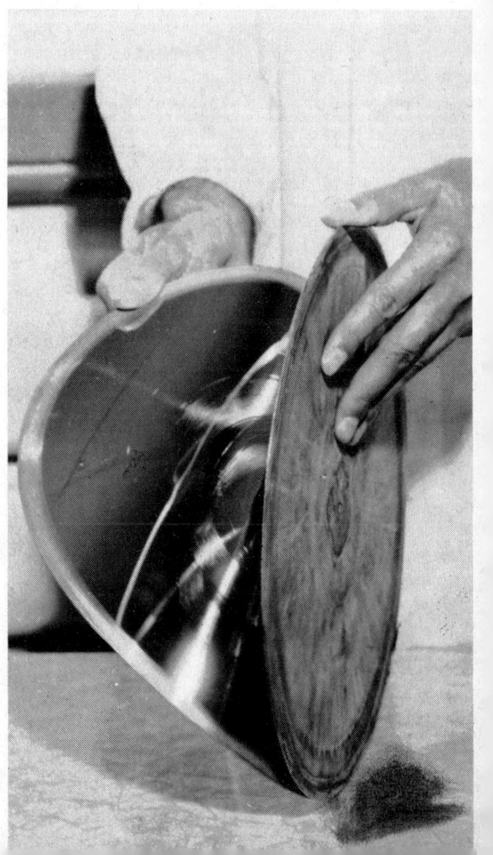

Las materias primas «artificiales» se hallan a la vanguardia en muchos campos

De tres toneladas de fibras textiles empleadas en el mundo para hacer telas, dos son de origen natural (lana, algodón) y una procede de las fábricas de fibras artificiales. La proporción de estas últimas asciende de año en año. Lo propio ocurre con los plásticos en general. En el mundo occidental han alcanzado ya el 50 % del volumen de hierro producido en el mismo. Como aparecen continuamente en el mercado nuevos productos para fines de aplicación siempre nuevos, prosigue el avance de los plásticos.
Sin embargo la denominación de «artificial» empleada al referirnos a este tipo de materiales es sólo correcta a medias. La materia prima —principalmente el carbón y el petróleo— sigue siendo de origen natural. En muchos casos se transforma únicamente en productos intermedios que, a su vez, son materias primas para la elaboración de numerosos productos.
No se puede prever por ahora un freno a ese galopante desarrollo, sobre todo en el campo de la química orgánica. Hay tal cantidad de combinaciones artificiales posibles a base de carbono, que todo el que existe en la Tierra no bastaría ni con mucho para producir un miligramo de cada sustancia orgánica imaginable.
Se gastan al año sumas fabulosas en todo el mundo en investigar las posibilidades futuras al respecto. No todos esos proyectos tienen éxito ni pueden aprovecharse rentablemente en la gran técnica. Sólo un pequeño porcentaje de los innumerables plásticos investigados hasta ahora llega a fraguar.
Sin embargo, nos esperan todavía con seguridad muchas sorpresas. Los químicos, por ejemplo, se disponen a fabricar mediante un método de pulverización a base de plástico un papel de gran calidad y bajo precio. Si pensamos que el consumo de papel va a aumentar en un 60 % antes de que termine esta década al paso que los bosques productores de la materia prima se reponen a un ritmo mucho más lento, podemos imaginar la importancia de ese adelanto técnico. Pero el problema puede plantearse de nuevo si efectivamente llega a escasear el petróleo, tal como el incremento de su consumo puede hacer temer.

El hilo se fabrica mediante el hilado a partir de fibra natural o artificial. Se procede en la hilatura a disponer, estirar y torcer esa fibra. La máquina mechera produce una mecha convertida después en producto final por la máquina continua de hilar (arriba).

El petróleo y el gas natural, principales materias primas de la industria química, se transportan por oleoductos y gaseoductos hasta los grandes consumidores. El material y forma de los tubos debe soportar las velocidades y presiones de flujo respectivos. Izq.: Construcción de un gaseoducto.

En las refinerías (dcha.) se elaboran a partir del petróleo productos de calidad determinada, p. ej., gasolina, gas, parafina y diversos aceites. Se emplean para ello métodos catalíticos para la destilación y mediante solventes en el cracking.

Los moldes para la fundición de campanas (abajo) tienen un alma de obra fija y una matriz de arena. Las inscripciones y adornos se añaden siguiendo el método de fundición a la cera perdida, que ha vuelto a ser de actualidad en otras ramas de la industria. La fundición de las campanas sigue conservando su carácter artesano.

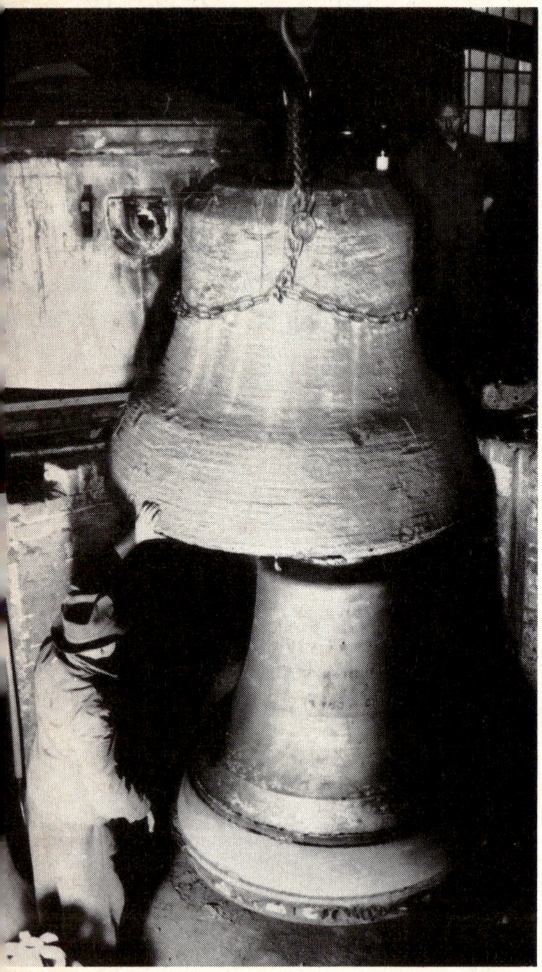

Tubos de acero sin sutura y por lo mismo de gran calidad pueden fabricarse mediante diferentes métodos. Arriba: El de laminación consiste en un laminado «plano» de la pieza de acero mediante una «espina». Rodillos cónicos se encargan de dar forma al tubo.

Nuevos materiales exigen el desarrollo de métodos de fabricación no convencionales

Están hoy día a disposición de la técnica aleaciones de titanio de tal dureza que láminas de una décima de milímetro de espesor pueden sustituir las chapas de acero de varios milímetros de grosor utilizadas hasta ahora. Pero no basta con desarrollar nuevos materiales. Hay que «inventar» al mismo tiempo los nuevos métodos de elaboración respectivos. En el caso del titanio se presentó el problema de soldar entre sí las delgadísimas láminas.

La necesidad de suministrar también la nueva tecnología al lado del nuevo material condujo a numerosos perfeccionamientos de los métodos de trabajo convencionales en los que se emplearon velocidades, temperaturas y presiones ni soñadas siquiera anteriormente. Esto se refiere principalmente a una serie de técnicas de conformación actuales. Se las ha podido perfeccionar tanto que se alcanza hoy en ellas la precisión típica de las herramientas de precisión «auténticas»: dosificación exacta de las velocidades, potencias y movimientos, conducción segura de las piezas durante su fabricación, alta precisión del trabajo.

Esto atañe no en último lugar a la industria automotriz en la que se han impuesto prensas de tamaños y potencias cada vez mayores al haberse demostrado la rentabilidad de hacer componentes cada vez mayores en una sola operación. Descomunales prensas escalonadas con fuerzas nominales hasta de 3000 megapondios estampan hoy día piezas de chasis de chapa gruesa y sofisticadas prensas multiestampadoras y cortadoras cortan en una sola operación numerosos espacios huecos. También se emplean métodos nuevos en la construcción de aviones. Remachadoras a mando numérico se acercan automáticamente al sitio debido, introducen el remache en el agu-

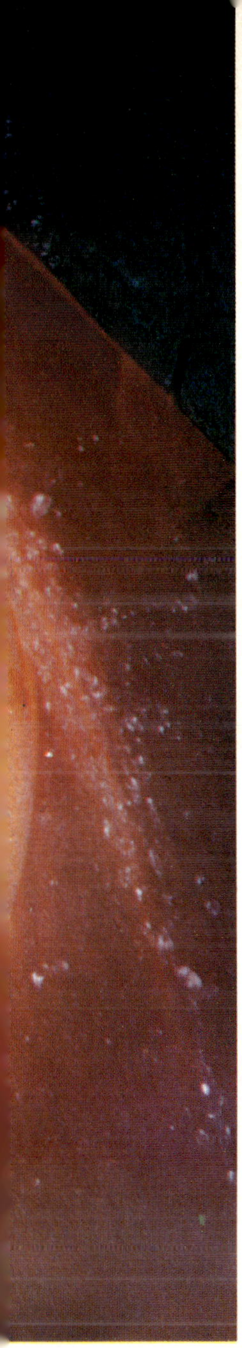

Los hornos de colada continua (arriba) no funden lingotes sueltos sino barras de acero «sin fin». El acero fundido se cuela primero en moldes refrigerados (lingoteras) en continuo movimiento.
Tras la solidificación, unos sopletes móviles van cortándolo en lingotes sueltos que son transportados sobre rodillos. El sistema de colada continua es mucho más rentable que las técnicas convencionales y proporciona además un producto final de grano muy fino.

jero previamente taladrado y lo afirman mecánicamente.

La técnica de fundición sufría en la antigüedad de una falta de precisión de índole técnica que hacía ineludible un acabado minucioso y caro a base de máquinas. Nuevos métodos de fundición permiten actualmente la colada de precisión, haciendo competencia a las técnicas de conformación convencionales. Citemos el método de Croning, en el que el molde se compone de arena de cuarzo aglutinada con resina. Esa resina se endurece antes de colar y se encarga de una exacta reproducción de las medidas. Como el molde de Croning tiene buenas propiedades aislantes, se pueden colar también con él piezas de pared delgada. También el método de la cera perdida proporciona piezas fundidas de gran precisión. Se empieza por modelar en cera la pieza, «cociéndola» después en un molde de cerámica con lo que la cera se elimina. Este método, bastante costoso, se presta sobre todo para moldes complicados o para la fundición de metales duros. Y por lo demás no es tan nuevo. Hace ya siglos que se le utiliza para dar forma a los adornos añadidos a las campanas de las iglesias.

Asimismo prometen una gran exactitud de dimensiones todos los métodos de fundición a base de «moldes permanentes». Citemos la colada en lingotera con moldes fijos permanentes cuyas paredes suelen estar revestidas de una capa aislante y también la colada centrífuga con la que se fabrican, p. ej., tubos (el metal fundido gira, proyectándose contra la pared del molde de forma que queda un hueco central), sin olvidar por último la colada a presión en la que el metal fundido (p. ej., cinc, aluminio, cobre) se inyecta al molde por medio de aire comprimido o de un pistón.

Los poderosos auxiliares: las grúas mueven cargas de cientos de toneladas. Las instalaciones de transporte buscan y hallan su meta por medio de mandos automáticos

Los egipcios levantaron piedras de toneladas de peso en sus pirámides con ayuda de palancas, rodillos y planos inclinados. No conocían otros medios. Aristóteles es el primero en describir la polea (330 a. JC.). Esta creó las condiciones para las primeras «grúas» primitivas y en su principio (relación de transmisión=brazo de potencia/brazo de resistencia) siguen basándose hoy día la mayoría de las máquinas de carga de hoy día.

El número de «montacargas» existentes es incalculable. En las naves de las fábricas existen grúas de puente firmemente instaladas y es muy similar al suyo el principio de construcción de los puentes de carga para mover mercancías: un puente desplazable sobre dos rieles. En el puente se mueve un elevador con cabrestante, engranajes y motores, llamado también «gato». La carga se sujeta mediante ganchos, tenazas o incluso electroimanes. En cambio las grúas de pescante tienen un brazo móvil que puede desplazarse sobre la carga. Se las construye en forma de grúas portuarias, para la carga y descarga de barcos y también para la construcción, en la que se encargan de mover el material y las partes acabadas.

Las grúas giratorias de columna han racionalizado totalmente en los últimos decenios la construcción de edificios altos. Foto: Obras en Ratisbona, Alemania. Se las arma en su teatro de operaciones, ahorran costosa mano de obra y, al resolver con rapidez y precisión todos los problemas del transporte, permiten una construcción rápida en gran escala.

Las bandas transportadoras requieren caucho especialmente resistente al desgaste. Se las emplea para transportar mineral, carbón, escombros y material de construcción y pueden tener kilómetros de longitud.

Las grúas de pórtico y de pescante pueden levantar hoy día cargas de hasta 300 toneladas.

Los dispositivos de elevación y transporte para fines especiales suelen ser artefactos ingeniosísimos. Hay grúas cuyos gatos llevan una plataforma en la que puede correr un vagón de ferrocarril cargado que junto con su carga es llevado hasta encima del barco a cargar, y volcado hasta que se vacía todo su contenido (carbón, mineral, etc.) en la bodega del mismo.

Otra construcción especial es la grúa trepadora. Comoquiera que las grúas gira-

torias de columna no pueden ser tan altas como los rascacielos, se dispone el pie de la misma de tal modo que pueda fijársele al edificio y pueda subir piso a piso «trepando» progresivamente. Las grúas de este tipo, pese a su basta estructura, pueden colocar «al milímetro» cargas pesadísimas, como piezas prefabricadas de hormigón.

A los dispositivos de transporte pertenecen también los numerosos transportadores. Los de cinta se pueden combinar en forma de trayectos prácticamente sin fin, p. ej., en la extracción del lignito —transportan el carbón y escombros a grandes distancias. Los circulantes funcionan en muchas instalaciones industriales. Pueden llevar componentes a las naves de producción o acarrear material sólido o líquido en góndolas o vagonetas. En ciertos casos la mercancía granulosa, p. ej., los cereales, se succiona o inyecta mediante presión negativa o positiva de aire.

Algunas instalaciones de transporte tienen que desempeñar tareas muy difíciles. No se trata solamente de llevar algo de un sitio a otros sino que hay que seleccionar, desviar, almacenar, distribuir o someter a determinadas operaciones de fabricación distintos componentes. Esas instalaciones selectivas desempeñan un gran papel en la industria automovilista, asimismo en los grandes almacenes, estaciones y aeropuertos.

Por lo regular basta con marcar el destino en la instalación de transporte misma —los distintos dispositivos de parada o recepción de la mercancía. Mediante mandos electrónicos pueden desempeñarse trabajos más complicados. Se pueden programar de modo que desempeñen sin intervención humana complicados ciclos de trayecto con desviaciones, cambios de vía, almacenes intermedios, etc.

8

La navegación espacial: máxima aventura de la técnica

Wernher von Braun celebró el primer aterrizaje en la Luna como el "acontecimiento más importante en la evolución e historia de la humanidad desde que la vida salió de los mares". Ese "suceso del siglo", planeado y previsto hasta en sus más nimios detalles, constituyó una aventura de dimensiones colosales. Y no sólo eso. El proyecto Apolo, en el que llegaron a trabajar 350.000 personas, repercutió activamente revolucionando esferas enteras de la técnica –sobre todo la electrónica, metalurgia e industria de los plásticos. Foto: Científicos discuten el módulo y el vehículo lunar.

El programa Apolo llevó al hombre a la Luna. Tras su conclusión continuarán la tarea estaciones y satélites espaciales

En el curso del programa Apolo se construyeron numerosos aparatos a fin de habituar previamente a los astronautas a las condiciones existentes en la Luna. Dcha.: El LLRV, aparato para entrenarse en aterrizar suavemente sobre la superficie de la Luna; está provisto de motores-cohete.

La construcción y el lanzamiento de las sondas espaciales (arriba: sonda solar Helios) y satélites se ha convertido casi en una tarea de rutina en la técnica espacial. El próximo paso consiste en la puesta en órbita de talleres espaciales para fabricar allí nuevos productos.

Prueba del satélite Heos en un local sin resonancia (abajo). Los satélites de investigación llevan a cabo un extenso programa de medición, control y exploración. Los datos recogidos por ellos se transmiten a las estaciones terrestres para su inmediata valoración.

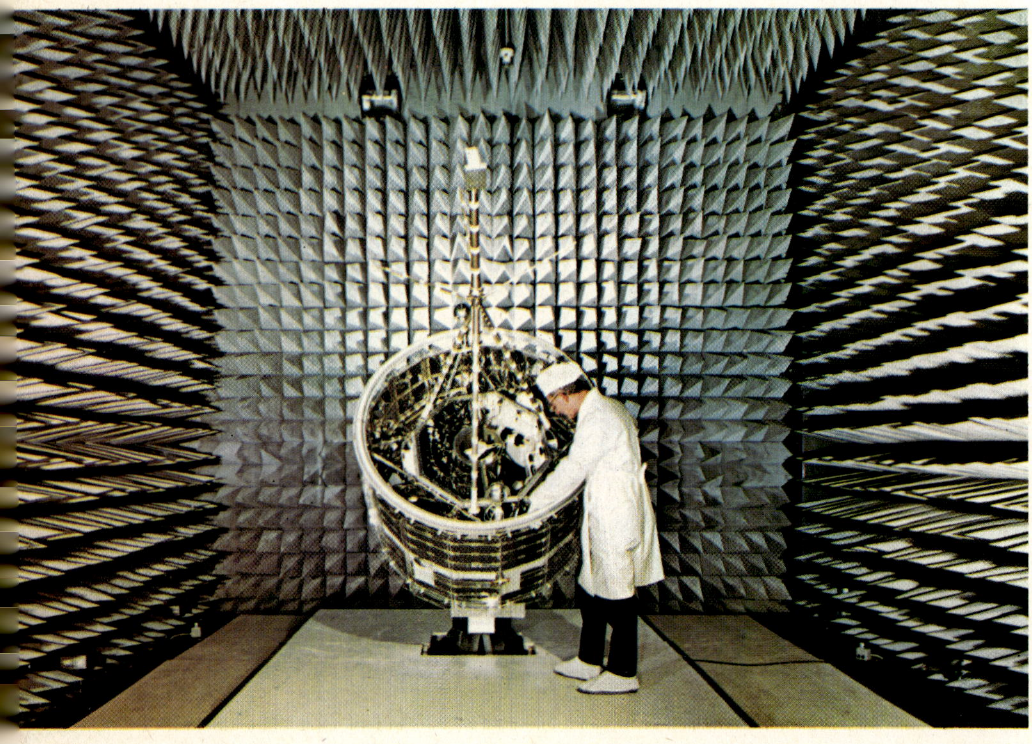

El primer paso de un hombre en un astro extraño tuvo lugar el 21 de julio de 1969. El astronauta Neil Armstrong, hoy profesor de técnica espacial en Cincinnati, al darlo, vivió un acontecimiento de histórico significado. Ese primer paso sobre la Luna marcó el fin de una fase de progreso técnico de la mayor intensidad. Decenas de miles de científicos y centenares de miles de técnicos y obreros especializados se habían ocupado exclusivamente, durante casi diez años, en procurar las condiciones requeridas para ese primer paso sobre la Luna. Las repercusiones de esta máxima aventura técnica de todos los tiempos no pueden conocerse todavía en su total envergadura —afectan muchas esferas. Puede afirmarse que la investigación espacial de los americanos como también de los soviéticos han elevado a escala mundial el estado de desarrollo de la técnica.

La misión impuesta a los técnicos de los EUA incluía en términos generales combinar la mayor potencia y seguridad imaginables con una extrema ligereza estructural. La construcción de un cohete de suficiente fuerza para lanzar hasta la Luna un vehículo espacial de unas 45 t de peso compuesto de la cápsula de mando, la unidad de abastecimiento y el módulo lunar, planteó numerosos problemas que no podían resolverse con los medios convencionales.

Entre otras cosas hubo que hallar métodos de hacer impenetrables al vacío y radiación espacial la cápsula y los trajes, como también para conseguir en su interior el mantenimiento de condiciones ambientales vitales. Además había que lograr que al volver a entrar en la atmósfera terrestre la cápsula con los astronautas, no se abrasase a temperaturas de hasta 3000 °C. Por último era preciso proporcionar a todo el aparato con sus numerosos y complicadísimos sistemas una construcción y funcionamiento absolutamente seguros.

Se considera hoy concluido el proyecto Apolo. Pero las experiencias conseguidas con él siguen fructificando; p. ej., en los planes de poner en la órbita terrestre estaciones espaciales al alcance de transportes recuperables; o en el empleo futuro de satélites y sondas espaciales.

NASA

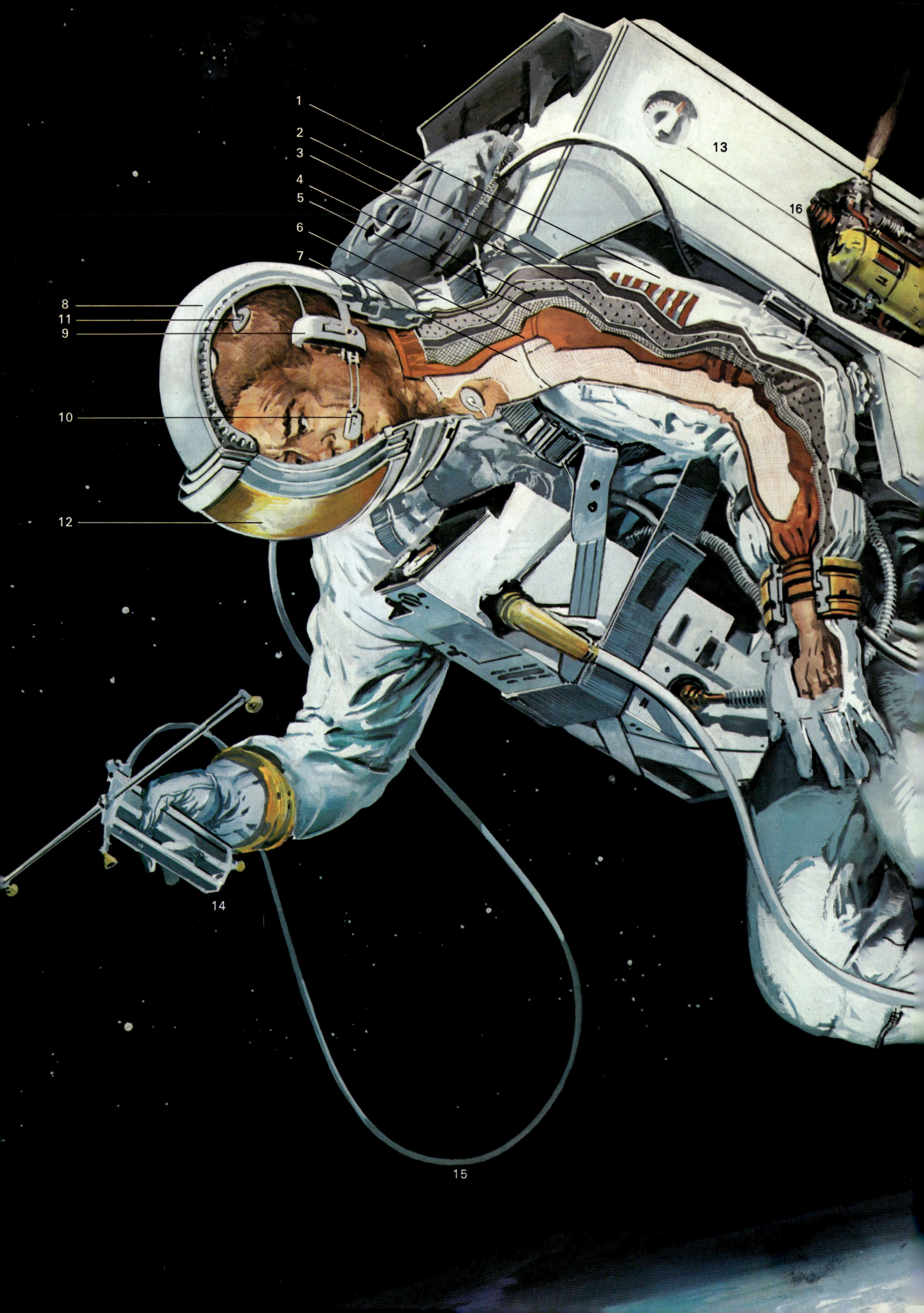
1
2
3
4
5
6
7
8
11
9
10
12
13
16
14
15

El traje espacial es un complicado sistema para conservar la vida

En los experimentos de «salida» del programa Géminis se probaron por vez primera bajo condiciones espaciales los trajes de los astronautas. Dieron un gran resultado. Pero la construcción de estos «sistemas de conservación de la vida en forma de traje» había ocasionado grandes rompederos de cabeza a los especialistas. Había que mantener en el interior del traje una presión y abastecimiento de aire uniformes y hubo que tener en cuenta las temperaturas del espacio y la radiación cósmica.

Los constructores partieron de dos misiones básicas del traje espacial: tenía que permitir la salida al espacio durante varias horas (trabajos de montaje y reparación del vehículo espacial, trabajos de exploración en la Luna) y servir también de sistema de emergencia en el caso de que la cápsula tuviese fugas o de que fallasen los sistemas de a bordo. El resultado fue un traje espacial de siete capas diferentes (1 al 7) y una serie de dispositivos de protección y control:

1 capa exterior de tela
2 capa de control térmico
3 capa antimicrometeoritos
4 c. articulada
5 c. de control de presión
6 c. interior de tela
7 ropa interior
8 casco hermético
9 auricular incorporado
10 micrófono incorporado
11 controles médicos
12 visor solar protector
13 sistema de control ambiental
14 pistola de reacción
15 tubo de gas a presión
16 toberas de avance
17 cohete Agena/cápsula Geminis
18 tubo de conexión

El cohete más potente del mundo pesa 2900 toneladas. Cinco sextos de ellas corresponden a los combustibles líquidos

Una grúa elevada levanta la primera fase de 42 m de altura y diez de diámetro de un cohete Saturno V (dcha.). Pueden verse claramente los cinco propulsores F-1 del coloso. Ext. dcha.: Salida de un Saturno V. Su altura total es de casi 111 metros y su peso al despegar de unas 2900 toneladas. El delgado apéndice superior es una torre de salvamento.

Los cohetes Saturno están provistos de cinco motores del tipo F-1. Funcionan a base de keroseno e hidrógeno líquido. En el plazo de dos minutos y medio, los cinco motores queman, al despegar el cohete, 2.000 toneladas de combustible. Abajo: Motor F-1 en el banco de pruebas. Pesa 8.400 kg y desarrolla un empuje de casi 700 toneladas.

Para las expediciones espaciales sólo sirven sistemas de impulsión que funcionen sin el oxígeno del aire —cohetes que trabajen según el principio de reacción: generando la fuerza impulsora mediante proyección de materia. Tiene que ser tan grande esa fuerza que permita al cohete junto con su carga útil escapar al campo de gravedad de la Tierra. La velocidad de fuga necesaria a este fin es de 11,2 km/seg = 40 000 km/hora. Para alcanzarla hay que quemar gigantescas cantidades de combustible. Cinco sextos del peso de arranque del Saturno V (más de 2500 de unas 2900 t) corresponden por esa razón a los dos combustibles: keroseno (para la 1.ª fase) e hidrógeno líquido (para las fases 2.ª y 3.ª) y al oxígeno líquido dedicado a sustituir al del aire como comburente.

Las diferentes fases del cohete tienen misiones muy diferentes. La 1.ª fase eleva el cohete a una altura de 61 km y se desprende al agotarse el combustible. La 2.ª fase se agota al llegar a 184 km de altura. La 3.ª fase lleva al vehículo espacial a una órbita de aparcamiento en torno a la Tierra y genera después el empuje preciso para iniciar la trayectoria hacia la Luna. Una vez que el vehículo no se halla ya dentro de la influencia directa del campo de atracción de la Tierra marcha con impulso propio y sólo necesita combustible para pequeñas correcciones de su curso que realiza mediante toberas menores emplazadas en todas las direcciones del espacio.

El proyectil espacial no alcanza su velocidad máxima, de unos 40 000 k/h hasta que no se aparta definitivamente de la esfera terrestre o sea cuando se separa de la órbita de aparcamiento y se lanza a su trayectoria lunar. Posteriormente esa velocidad va reduciéndose por efecto de la atracción terrestre hasta quedar en unos 4000 k/h. El campo de gravedad de la Luna se encarga entonces de aumentarla hasta 10 000 k/h. En la órbita lunar de aparcamiento esa velocidad se reduce a 6000 k/h. Del total de carga útil del cohete vuelven a la Tierra únicamente cinco toneladas (= peso de la cápsula de mando).

El impulsor químico del cohete Saturno no se presta sin más a esos viajes interplanetarios que podrán revestir tanto interés en un futuro no lejano: es demasiado lento. Con seguridad habrá que recurrir a una propulsión eléctrica que permita altas velocidades con pequeñas cantidades de combustible. Hay diversos tipos en preparación:

La propulsión electroquímica calienta un gas de trabajo (plasma) mediante un reactor nuclear y lo expulsa a través de una tobera. Los sistemas de propulsión magnetohidrodinámicos (pág. 32) aceleran el plasma a base de campos electromagnéticos. Los propulsores iónicos trabajan en cambio por medio de iones lanzados a altísimas velocidades por vía electrostática (pág. 44).

Los propulsores iónicos permitirían llevar un vehículo espacial hasta el planeta Plutón (distancia: unos 50 000 millones de km) en tres años. Un vehículo espacial provisto de cohetes convencionales tardaría 45 años en recorrer ese trayecto.

Bendix
USA

Sin telemetría no hay navegación espacial: contactos entre satélites y estaciones terrestres

Para el contacto con los vehículos espaciales se han hecho necesarias complicadísimas antenas como esta gigantesca instalación —el hombre que sube por la derecha ilustra sus dimensiones— del centro de navegación espacial tripulada de la NASA en Houston, Texas. Sirve para la recepción de datos telemétricos desde el universo.

El viaje a la Luna no hubiera sido posible a pesar de los potentes cohetes, sofisticadísimos vehículos espaciales y estudiadísimos sistemas de conservación de la vida, si no hubiese habido computadores ni sistemas de transmisión de datos a gran distancia. Sólo la ayuda de la electrónica ha permitido la dirección segura y el control permanente de los vuelos espaciales. El flujo de información entre el vehículo espacial y las estaciones terrestres equivalía ya en el programa Mercurio (relativamente modesto) al texto de una página de periódico por segundo. Se decuplicó en los vuelos del Geminis y equivalía en el programa Apolo a un promedio por segundo de 500 páginas de un libro en formato de novela. Sólo los computadores pueden despachar esa cantidad de información. Las instalaciones electrónicas calculan ya mucho antes del vuelo todos los datos de su trayectoria, que se transmiten a un computador a bordo del vehículo espacial y dan durante el vuelo las órdenes de dirección (comparando los valores ideales y reales). Las correcciones de esta dirección programada pueden hacerse ya sea por las estaciones de tierra (con señales de radio) o por la tripulación del vehículo (con los mandos manuales). Pero los datos de dirección constituyen sólo una fracción del flujo de datos que va y viene entre el vehículo y la Tierra. Hay también mediciones de todo tipo referentes a la nave espacial y sus funciones, a los astronautas y su estado y al espacio y circunstancias reinantes en él. Mediante la telemetría (sistema de medición y transmisión a distancia) la central de Houston estuvo informada permanentemente de si era correcta la velocidad y el rumbo de la nave y de si la humedad de la piel de los astronautas, su actividad cardíaca y frecuencia respiratoria

Además de las estaciones terrestres se utilizan también en la supervisión del programa Apolo barcos seguidores (arriba) dotados de instalaciones electrónicas con un peso de unas 400 toneladas. Tres antenas parabólicas han servido a la transmisión de datos.

Los instrumentos electrónicos de precisión en combinación con ordenadores caracterizan las centrales de comunicaciones con los vuelos espaciales. Dcha.: Sala de control del «aeropuerto» espacial de la Comunidad Europea en Kourou, Guayana Francesa.

se desviaban de los valores establecidos como normales.

Para compilar las informaciones telemétricas se dispuso en todos los vuelos espaciales de una red mundial. Sus nudos consistieron en unos casos en estaciones terrestres, en otros fueron barcos e incluso aviones en casos muy concretos. Gigantescas antenas parabólicas captan esas informaciones —contándose entre ellas las señales de transmisión directa de TV desde la Luna. De acuerdo con un plan exacto se fue «pasando» el contacto con la nave espacial de estación a estación.

Todos los datos del programa Apolo se concentraron en un centro de informaciones cuyos 39 computadores «preclasificaban» primero el material que transmitían a continuación a las distintas secciones de acuerdo con determinados signos de identificación. En ellas tenía lugar la elaboración del alud de datos.

La red de comunicaciones de la Administración Espacial Norteamericana (Nasa) está disponible en algunos casos para el lanzamiento de los satélites europeos como el «Azur», en cuyo caso una red propia se encargó después de vigilar la trayectoria y transmitir datos. Existen asimismo redes de estaciones propias para el enlace con los satélites meteorológicos y de investigación y también con las sondas espaciales. Las estaciones terrestres —así en España en Fresnedillas— mantienen el contacto con los satélites de noticias.

Las antenas parabólicas de estas estaciones son alimentadas con los datos orbitales de los satélites y automáticamente se ponen en contacto con ellos en cuanto su diminuta silueta asoma en el horizonte. Una vez que lo han «cazado» entra en actividad un dispositivo de seguimiento electrónico que no puede «perder de vista» prácticamente a los satélites.

La navegación espacial ha favorecido muchísimo en el campo de la electrónica la construcción de componentes y sistemas de proceso de datos cada vez más pequeños, ligeros y de mayor potencia.

9

Los químicos componen nuevas sustancias

La misión de la química, ciencia relativamente nueva, abarca tres aspectos. Primero está la investigación de la estructura de la materia. En esta esfera depende básicamente de los conocimientos de la física. De la investigación fundamental se deriva la segunda tarea parcial: la valoración de los conocimientos teóricos con el fin de componer nuevas sustancias con propiedades muy específicas En tercer lugar está la empresa de crear las condiciones para la producción en gran escala de las sustancias en cuestión –p. ej. en el campo de la producción de colorantes (foto).

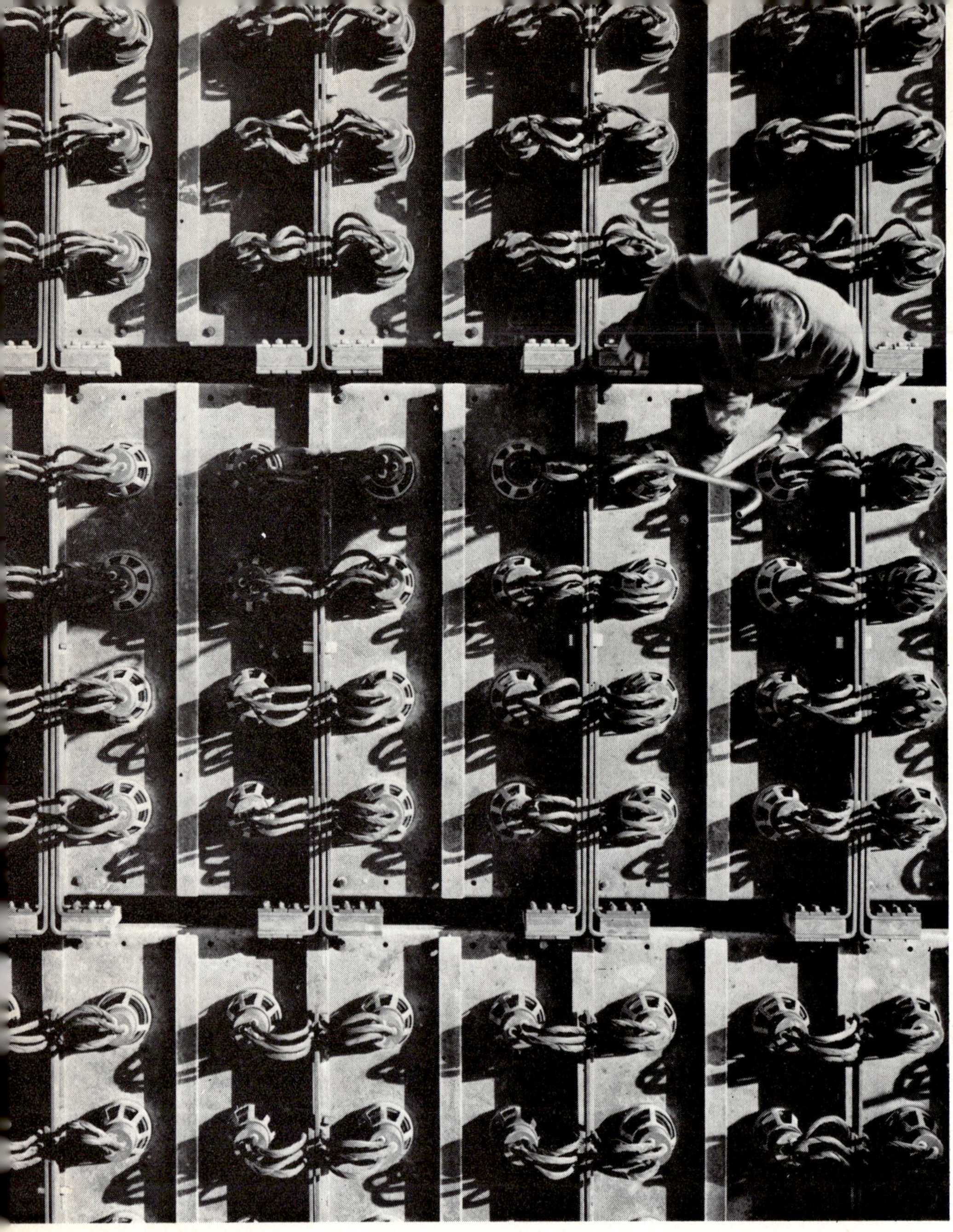

Acidos y bases condicionan la mayoría de los métodos químicos de producción

El cloro, uno de los componentes del ácido clorhídrico, se produce en instalaciones electrolíticas al aire libre (arriba). La corriente eléctrica libera el cloro contenido en la sal común (Cl Na) disuelta. En unión con hidrógeno da por resultado ácido clorhídrico (Cl H).

Los alquimistas sabían habérselas ya con ácidos y álcalis; pero estos dos tipos de combinaciones químicas no adquirieron su gran importancia hasta que se inició la era industrial. Al cabo de poco tiempo se introdujeron métodos para producir en gran escala ácido sulfúrico y clorhídrico, sosa cáustica y lejía potásica. La industria textil dio así el primer paso. Hasta la fecha no ha cambiado en absoluto la extraordinaria importancia de los ácidos y bases. Hoy se producen por millones de toneladas y muchos procesos químicos dependen de ellos.

A la cabeza está el ácido sulfúrico (H_2SO_4). Más de un cuarto de su producción sirve para fabricar abonos, un quinto se destina a la producción del blanco o dióxido de titanio (un colorante). Grandes consumidores son las refinerías de petróleo, las fábricas de detergentes y de plásticos y se emplea también en la industria farmacológica.

La materia prima del ácido sulfúrico suele ser la pirita de hierro. Se «tuesta» bajo una corriente de aire a 700/800 °C. El azufre de la pirita se oxida = anhídrido sulfuroso (SO_2). En un horno de contacto se oxida más aún y pasa a ser anhídrido sulfúrico (SO_3) que, disuelto en agua,

El ácido sulfúrico puede obtenerse tanto de la pirita de hierro como del azufre puro. Este horno de contacto (arriba) puede transformar al día en ácido sulfúrico unas 500 toneladas de azufre. Izq.: En los países de clima soleado se obtiene sal a partir del agua de mar. En las salinas se evapora el agua en depósitos de gran superficie y poca profundidad en los que queda la sal, que a continuación hay que purificar.

da el H_2SO_4. Desempeñan aquí un papel decisivo como catalizadores (sustancias que aceleran una reacción química sin sufrir alteración) el platino y los óxidos de hierro y vanadio.

En cambio el también esencial ácido clorhídrico (CLH) se produce a partir de la sal común (ClNa). Lo más sencillo es tratar la sal con ácido sulfúrico, pero por lo general se obtienen por electrólisis de una solución de sal, hidrógeno y cloro en forma de gas y se les hace combinarse entre sí, y se disuelve en agua el ácido clorhídrico gaseoso resultante para mayor facilidad de almacenamiento.

Los ácidos sulfúrico y clorhídrico son muy fuertes, atacan muchas sustancias y deshacen los metales formando sales metálicas. Pero hay una serie de ácidos que no tienen esa actividad, por lo que se define mejor a los ácidos como combinaciones químicas que liberan iones de hidrógeno al disolverse en el agua. Pero los iones de hidrógeno libres son protones, es decir, componentes del núcleo del átomo.

Las bases o álcalis son, en cambio, las sustancias capaces de fijar protones excedentes.

Cuando ocurre esto, se forma una sal del ácido y la base. El ácido clorhídrico (ClH) y la sosa cáustica (NaOH) p. ej., forman así la sal común (ClNa) con «excedente» de agua (H_2O). En la industria química la sosa cáustica tiene una importancia excepcional, utilizándose cantidades enormes en la producción de celulosa sódica (materia de partida de las fibras artificiales).

Los metales alcalinos (sodio, potasio, litio, cesio, etc.) son los principales elementos formadores de bases. Por esta razón una reacción básica suele denominarse también alcalina. Las bases disueltas en agua reciben el nombre de lejías.

La mayoría de las combinaciones químicas son sales — las hay por decenas de millares

El polvo extintor de incendios suele contener bicarbonato sódico. Como se hidrata mucho hay que añadirle pequeñas cantidades de ácidos cristalizados hidrorrepelentes — ello permite que el extintor siempre esté en condiciones de funcionar.

No son sales precisamente aquellos compuestos químicos que tienen sabor salado. Sólo una parte de ellas tiene esa propiedad que conocemos por la sal común. La definición general reza: son sales todas las combinaciones formadas por iones exceptuando los ácidos, bases y óxidos (metal más oxígeno). Hay un sinfín de ellas y desempeñan en torno nuestro un papel más importante del que imaginamos. Es por ejemplo una sal la piedra caliza: carbonato cálcico. Son sales el yeso (sulfato cálcico), la cal (hidróxido cálcico) y la arcilla acética (acetato de alúmina), la sal amoníaco (cloruro amónico) y el nitrato potásico, el nitrato de plata y el oxalato potásico.

Las sales pueden estar formadas de modo muy diverso. Hemos hablado ya del más frecuente —ácido más base. Otras formas: metal más ácido; sal más ácido; elemento y elemento. Para los fines industriales se obtienen las sales en parte (y como materias primas) por métodos mineros y en parte se las fabrica para fines determinados. Desempeña, p. ej., un papel importante el carbonato sódico (Na_2CO_3), indispensable en la producción de vidrio, jabón, detergentes y colorantes. El belga Solvay inventó en 1863 el método empleado hasta ahora. Insufló amoníaco y dióxido de carbono en una solución de sal común. Se originaba hidrocarbonato sódico que podía descom-

Del gas de gasógeno, mezcla de aire nitrogenado y vapor de agua, se produce en hornos de contacto el amoníaco (NH_3). Se encargan de lograr una reacción rápida redes catalizadoras de platino y rodio, que por su parte no experimentan ninguna alteración química.

La sal potásica, base de los abonos potásicos, es dura como piedra y requiere extracción mediante voladura. Además de los barrenos necesarios para la misma, may que practicar a perforadora de gran calibre (dcha.) agujeros de 50 cm que abren espacio para los cascotes.

ponerse mediante calor en sosa, dióxido de carbono y agua. Se producen sales en gran escala para abonar el suelo, «hambriento» sobre todo de potasio, fósforo, magnesio, calcio y nitrógeno (así como de otros muchos minerales en menor escala). Una parte de los abonos artificiales han de elaborarse mediante transformación. Otros hay que producirlos porque faltan o no son suficientes las fuentes naturales.

Los abonos potásicos proceden de filones de sales potásicas que hay que limpiar, disolver y descristalizar. Los abonos fosfatados son el resultado de procesos de elaboración a partir de fosfatos naturales (molido fino, beneficiado mediante ácidos, encandecido). También produce fosfatos la elaboración del acero: de la escoria Thomas pulverizada, producto secundario de cocer el acero en los convertidores.

La harina de Thomas y las sales potásicas contienen también a menudo magnesio; que también puede añadirse al suelo en forma de calizas magnesianas (dolomita). Como abonos cálcicos puros se emplea carbonato cálcico y margas cálcicas; también a veces la cal procedente de las escorias de los altos hornos, una vez molidas.

Los abonos nitrogenados se obtienen en gran parte con el método inventado por Haber y Bosch, a partir del aire —el aire contiene un 78,08 % de nitrógeno, 20,95 % de oxígeno y proporciones menores de gases nobles y dióxido de carbono. A este fin se hace pasar vapor de agua a través de coque rojo y se obtiene «gas de agua», que, mezclado con aire húmedo, da el llamado «gas de gasógeno». Después de varias fases de purificación, el gas de gasógeno se transforma en amoníaco (NH_3) en hornos de contacto a temperaturas de 600 °C y presiones de unas 200 atmósferas. Del amoníaco puede obtenerse ácido nítrico (HNO_3), susceptible a su vez de transformarse en sulfato amónico ($(NH_4)_2SO_4$), combinación que las plantas pueden absorber, elaborar y asimilar orgánicamente.

Los colores hacen más agradable nuestro medio. Los colorantes son producto de la industria química

La materia prima más importante para los colorantes orgánicos es el prosaico alquitrán de hulla. De sus componentes se obtienen mediante complicados procedimientos (arriba) colorantes «sólidos» y «vivos» que han revolucionado, principalmente, la industria textil.

El hombre se ejercitó ya en el trato con los colores hace 20 000 años. Los cazadores de la época glacial pintaron en las paredes de sus cuevas cúlticas (Altamira, Lascaux, etc.) con ocre y negro de humo, creando obras de arte que han sobrevivido milenios. El ocre y el hollín siguen siendo dos de los más importantes colorantes naturales. Se han producido además colorantes artificiales por miles. Todos ellos hacen más agradable nuestro medio. Un mundo sin colores sería una desolación total.

Hay en principio dos posibilidades para dar color a un objeto. La mayor parte de los colorantes es soluble en agua u otro solvente. Sus componentes colorantes son productos de la química orgánica. Las soluciones penetran en el material a colorar (sobre todo telas), proporcionándole algo más que una capa de color. Se produce a veces incluso una reacción química con el material en cuestión.

Frente a los colorantes orgánicos solubles hay que diferenciar los pigmentos, consistentes en colorantes insolubles, generalmente en forma de polvo. Mezclados con un medio fijador (cola, barniz, laca, etc.) producen pinturas capaces de cubrir superficies. No penetran en el material, sino que forman una película superficial.

Los primeros colorantes orgánicos de las telas fueron de origen natural. La coloración azul, p. ej., se obtenía con índigo, colorante vegetal extendido por todo el mundo. Se lograban también distintos tonos azules con el palo de Campeche, procedente de Centroamérica. Los colorantes animales provenían de la cochinilla (color carmín) o —ejemplo el más famoso— de un molusco (el rojo púrpura). Para lograr 1,5 gramos de púrpura se necesitaban unos 10 000 caracoles de ese nombre.

Hoy día, los tejidos se tiñen o estampan continuadamente en una banda sin fin (abajo). Aunque se conocen decenas de miles de colorantes orgánicos, los químicos siguen descubriendo casi cada día colores cada vez más fijos y resistentes a la luz.

Las fibras textiles naturales o artificiales a menudo se coloran ya en un estado precoz de su elaboración. La mayoría de los colorantes orgánicos son solubles en agua. Mucho engaña el multicolor cuadro de balas y calderas (arriba) — el colorido textil es toda una ciencia.

Los colorantes orgánicos no se hicieron de uso general hasta que el químico alemán Friedrich Ferdinand Runge (1795 a 1867) se ocupó a fondo con el lignito y creó los primeros «colorantes de brea». Sus descubrimientos, sobre todo el de la anilina, establecieron las raíces de la gran industria química alemana, que se inició con la producción de colorantes y, en el curso de los años, añadió un sinnúmero de productos. El mayor consorcio químico alemán fue hasta 1945 la IG Farben (Comunidad de Intereses de la Industria de los Colorantes) que fundaron las importantísimas firmas BASF (Fábrica de Anilina y Sosa de Baden), la Bayer, la Hoechst y la Agfa (Fabricación de Anilinas S. A.). Al final de la segunda guerra mundial fue desmembrada la IG Farben; las compañías resultantes, con sus antiguos nombres, han dejado muy atrás al consorcio de otrora.

El tremendo florecimiento de los colorantes orgánicos repercutió también en los pigmentos. La paleta de los pigmenos inorgánicos (se trataba principalmente de óxidos metálicos) se amplió con los pigmentos orgánicos de vehículos en polvo, enriquecida con relucientes colores de anilina.

Los matraces, retortas, alambiques y tubos siguen caracterizando hoy día la imagen del laboratorio químico (arriba). En los últimos decenios se han sumado numerosos instrumentos físicos de medición, p. ej., para la observación de radiaciones de todo tipo.

Actualmente se producen materiales cerámicos nuevos «a la medida» con determinadas propiedades. Izq.: Estas pirámides de siferrita magnética sirven para amortiguar las microondas. Dcha.: La investigación de los imanes naturales permite lograr fotos como esta.

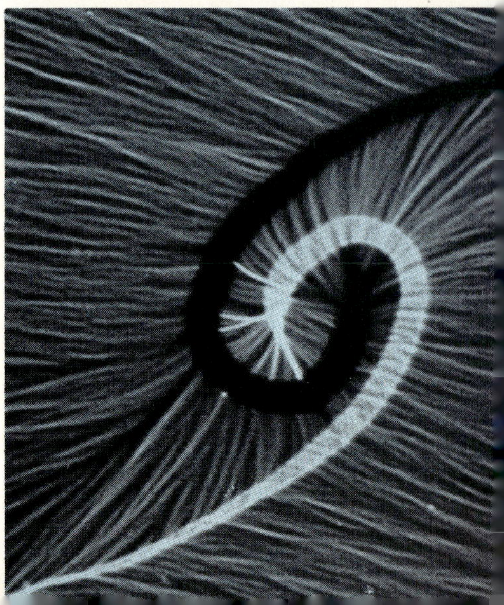

Materiales inorgánicos estructurados según programa: el camino hacia la síntesis pasa por el análisis

«El químico a base de preguntas hace hablar a un mineral; éste le responde si contiene azufre, hierro, cromo, silicio, arcilla o cualquier otro vocablo del idioma de los fenómenos químicos, ordenado de cierto modo. En esto consiste el análisis químico. El lenguaje de los fenómenos lleva al químico a combinaciones de las que se derivan innumerables aplicaciones útiles... El conocimiento de la composición de los cuerpos permite al químico resolver problemas que se creían insolubles hace aún muy pocos años.»

El hombre del que provienen estas palabras fue el padre de la química moderna: Justus von Liebig (1803-1873) las escribió al presentar sus «Cartas químicas», colección editada por Liebig en 1858 con una dedicatoria al rey Maximiliano II de Baviera, en agradecimiento por la «amable y eficaz participación» del mismo en el campo de la química.

A mediados del siglo XIX, la química era todavía una ciencia muy joven. Pero su paso era muy seguro. Después de la era de la alquimia, con tantos esfuerzos por conocer las propiedades de los elementos y un período de exploración de las correlaciones existentes entre los mismos, había alcanzado la química bajo la égida de Liebig su tercer estadio, caracterizado por la determinación de las masas y pesos en las relaciones de los elementos entre sí: «Comenzamos con el elemento, después vienen las ideas acertadas y al final llegan las matemáticas con sus números a dar el espaldarazo.»

Era entonces una cosa nueva la progresiva sistematización y jerarquización científica de la química. A la «descomposición» de las sustancias y la determinación exacta de las propiedades y cantidades de los elementos (análisis cualitativo y cuantitativo) se sumó la «composición» sistemática, de acuerdo con leyes conocidas y verificadas (síntesis). El análisis y la síntesis siguen siendo las bases de la química de hoy día. Además de los medios de Liebig se dispone hoy de fuentes de conocimiento nuevas de gran importancia, caracterizadas por todo el panorama de la física atómica y nuclear: las combinaciones químicas surgen por la acción recíproca entre los núcleos de los átomos y las capas electrónicas de los mismos, entre las cargas eléctricas positivas y negativas. La materia y la radiación son en realidad distintas formas de manifestación, pero tienen de hecho un mismo origen.

La física atómica provocó un renacimiento de la química. El químico de hoy día hace experimentos prácticos con la retorta o los aparatos al vacío, es decir, a nivel macroscópico; pero interpreta los resultados de sus experimentos en el nivel microscópico de los átomos y sus agrupaciones. Le ayuda en esto todo un arsenal de aparatos y métodos: los espectrómetros de masas y espectrógrafos ópticos, aparatos de difracción de los rayos X y espectrógrafos de resonancia nucleomagnética pertenecen hoy día al instrumental cotidiano de los químicos al igual que el manejo de los isótopos radiactivos. El análisis físico-matemático de las correlaciones químicas es el resultado más importante del renacimiento químico de la postguerra. Ha creado también las condiciones para la «combinación» de nuevas sustancias de propiedades determinadas para posibilidades de empleo especiales.

Podemos hallar ejemplos de esto en la mayoría de las esferas de la química orgánica e inorgánica. Se combinan «a la medida» p. ej., colorantes y plásticos, medicinas y aleaciones. En la esfera de la química inorgánica es característico el desarrollo dentro del campo de las cerámicas. Para su empleo a temperaturas altas y altísimas existen hoy materiales superrefractarios *(cermets)* que desempeñan un papel decisivo en la construcción de los reactores nucleares, cohetes y satélites. Los ladrillos y capas protectoras de carburo de hafnio o molibdeno resisten, p. ej., temperaturas hasta de 4000 °C. El mortero refractario de óxido de circonio es efectivo a 3000 °C. También se fabrican a base de óxido de torio y berilio ladrillos superrefractarios (hasta 3000 °C).

Tienen gran importancia los materiales cerámicos con propiedades magnéticas, como las ferritas, que pueden utilizarse en los carretes de bobinas, antenas de receptores (de aparatos de radio de todo tipo) o «memorias» de computadores y ordenadores.

Isoliertechnik

10

La revolución nacida en la retorta

La química de las moléculas gigantes ha sido una conquista de los últimos cincuenta años que revolucionó de arriba abajo la industria química. Hoy día estamos rodeados de innumerables sustancias artificiales –y cada día son más. Así, el techo de la carpa olímpica de Munich (foto) está formado por 75.000 m^2 de vidrio acrílico. La química orgánica trabaja prácticamente con materias "hechas a la medida". Hace todavía veinte años, las producía principalmente del carbón. Hoy día, el 90% de los plásticos se producen a partir del petróleo, más fácil de elaborar– otra revolución dentro de la revolución nacida en la retorta.

Los plásticos son miniestructuras compuestas de maximoléculas

Los compuestos químicos son combinaciones de átomos enlazados entre sí para formar moléculas. En el campo de la química inorgánica las moléculas presentan una estructura relativamente simple. Cada molécula de sal común (ClNa) se compone p. ej., de un átomo de sodio (Na) y de otro de cloro (Cl). Las moléculas pueden tener otras propiedades que los elementos de partida.

Las sustancias de origen vegetal o animal (orgánicas) presentan en cambio una estructura muy complicada. Suelen componerse, como p. ej. la albúmina animal o la celulosa vegetal, de numerosas moléculas-base encadenadas o enlazadas formando las moléculas gigantes o macromoléculas. Hay combinaciones orgánicas de 10 000 y más moléculas-base.

La subdivisión de la química en inorgánica («materia muerta») y orgánica («materia viva») es antiquísima. Los químicos de los primeros tiempos trabajaron exclusivamente con las sustancias inorgánicas —no en último lugar porque estaban convencidos de que las sustancias «vivas» no podían producirse en el laboratorio. En el mejor de los casos se las podía quemar, para obtener siempre carbono, hidrógeno y oxígeno, junto con un par de elementos más en cantidades relativamente insignificantes. Cambió esa actitud frente a la química orgánica cuando Friedrich Wöhler logró producir en su laboratorio en 1828 la urea, es decir, una sustancia producida hasta entonces únicamente en los organismos animales.

Después de Wöhler, la química orgánica prosperó con pujanza. Primero fue la química de los colorantes (pág. 108) y luego conquistó el campo farmacéutico. Después se atrevió a invadir el textil —en 1889 se presentó en una exposición parisiense el primer vestido de «seda artificial»— y se crearon los primeros «plásticos»: celuloide, baquelita, galalita.

Cada vez se fue convirtiendo más la química orgánica en una química macromolecular, dedicada sistemáticamente a planear y producir polímeros (sistemas de grandes moléculas) a partir de monómeros (moléculas menores). En 1927, o sea casi 100 años después del descubrimiento de Wöhler, la IG Farben encargó a un equipo de científicos la investigación de los altos polímeros. El primer resultado de aquel trabajo fue el descubrimiento del polistirol. En 1928, DuPont, el coloso químico norteamericano, inició la investigación macromolecular. Pocos años después inició su marcha triunfal el nylon.

Y las sorpresas se sucedieron. Durante años los químicos de los grandes consorcios «inventaron» un promedio de un producto sintético cada día. Sólo unos pocos de ellos se han impuesto en la práctica; pero de ese modo se logró un acervo de experiencia que ha clarificado también las bases teóricas de la química de los plásticos.

Se los denomina plásticos porque en determinada fase de su producción son susceptibles de una conformación «plástica». Aquí distinguen los químicos dos grandes grupos. Los termoplásticos, compuestos de macromoléculas con enlace molecular relativamente débil, se ablandan con el calor, por lo que siempre puede dárseles otra forma. Los duroplásticos, en cambio, se polimerizan en forma de una masa dura e infusible debido a que sus moléculas se unen formando estructuras reticulares esféricas que ejercen intensas fuerzas de cohesión. Son termoplásticos el polistirol y el nylon y son duroplásticos el poliéster y las resinas alquílicas.

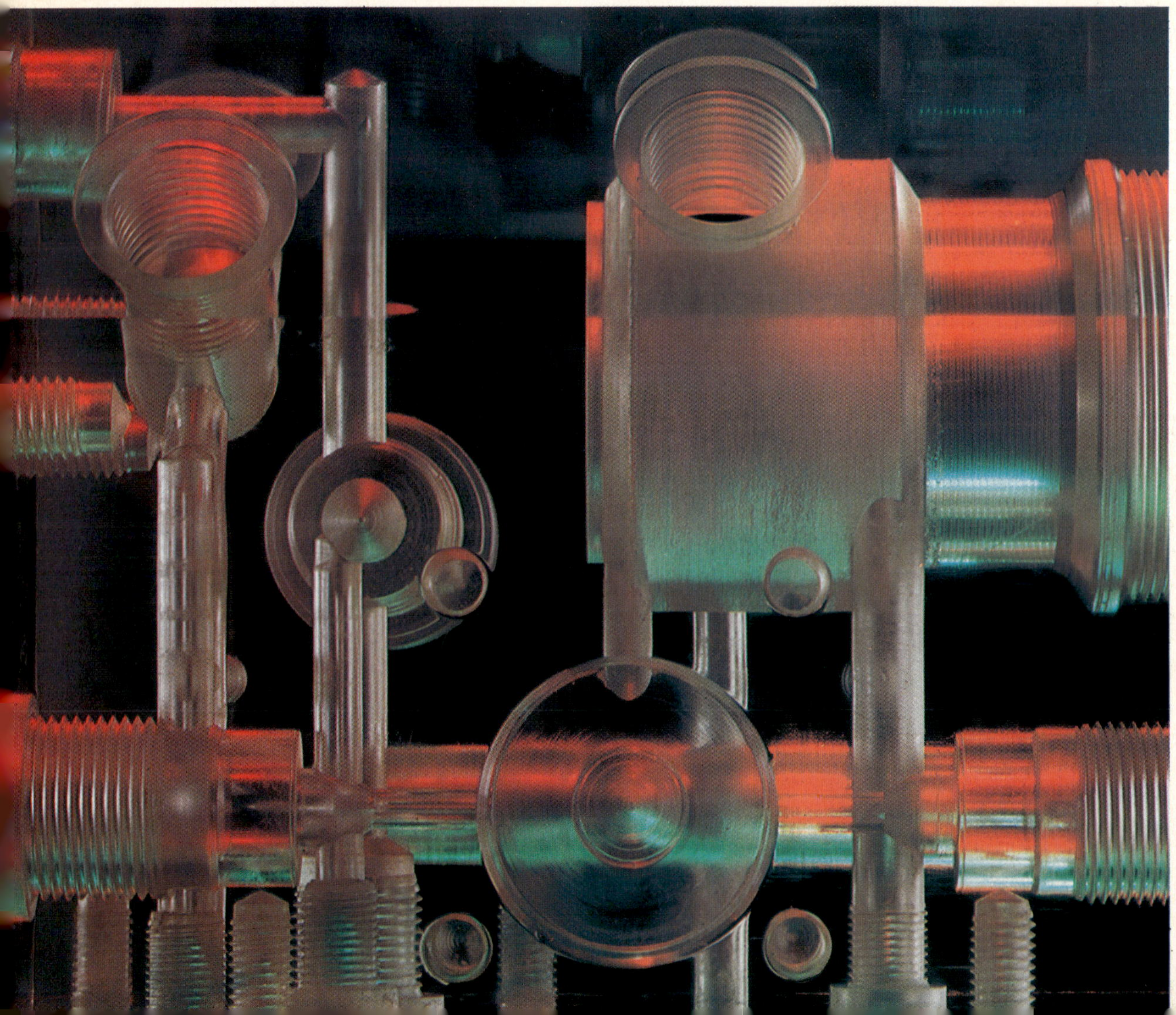

Los plásticos son duros como el acero o elásticos como la goma, delgados como hilos o esponjosos como el corcho — hay mil posibilidades de adaptar su estructura a su respectiva utilización. Izq.: Válvulas de plástico transparente. En los laboratorios de la industria se prueban continuamente nuevas mezclas y combinaciones, compuestas todas ellas de macromoléculas. Sólo hay un plástico que no habrá nunca: el plástico universal que sirva para todo.

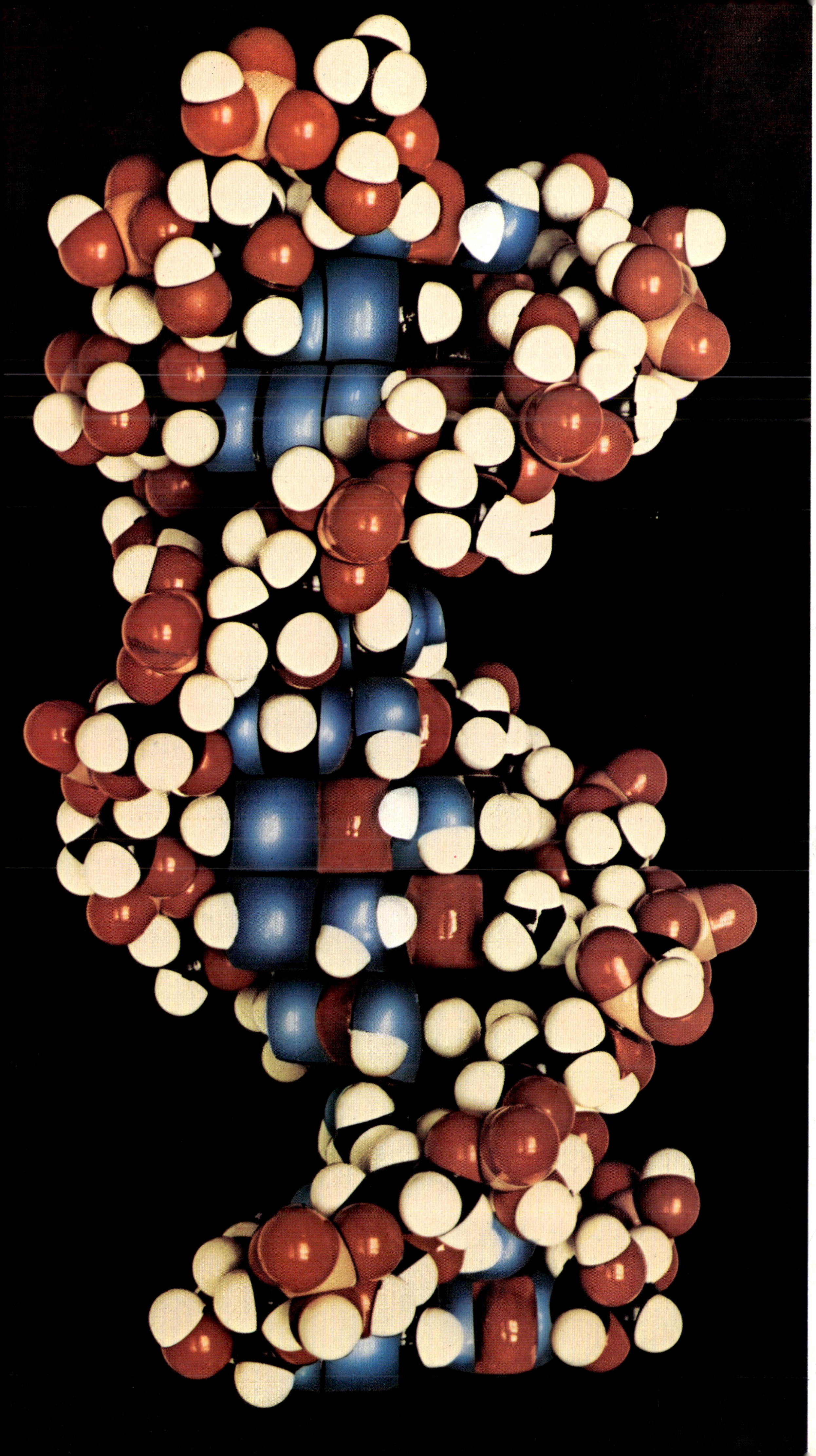

En las macrocélulas hay miles o decenas de miles de moléculas menores (representadas aquí por esferas y semiesferas), integradas en complejos en forma de cadena, espiral o esfera. La denominación macromoléculas (moléculas gigantes) no debe hacernos olvidar que en realidad se trata de estructuras diminutas — sólo un montón de millones de ellas sería visible al ojo humano. La macromolécula que aquí aparece en un modelo representa una proteína humana: el ácido desoxirribonucleico ADN.

Se imita la naturaleza: el camino hacia los materiales sintéticos pasó por los productos naturales

No es muy fácil trazar la frontera entre los plásticos «auténticos» y aquellos que sólo representan una transformación de productos naturales. Sobre todo en los comienzos de la industria de los plásticos se empleaban y modificaban frecuentemente materias primas macromoleculares de origen natural (látex, algodón, albúminas, etc.). Las experiencias conseguidas llevaron después, mediante «rodeos», a la síntesis total de los plásticos. Un ejemplo clásico es el caucho. Era cosa ya muy sabida que del látex vegetal podía producirse un material plástico susceptible de impregnación, p. ej., en gabardinas, cuando Charles Goodyear tuvo en 1839 la idea de tratar con azufre aquella masa blanda y pegajosa, dotándola así de una consistencia sólida y elástica. La vulcanización fue el primer método de dar «nueva forma» a macromoléculas naturales: el azufre se encargaba de procurar una «reticulación» parcial, o sea un enlace más firme de la gigantesca molécula del caucho. El descubrimiento de Goodyear marcó el inicio de la industria de los neumáticos. Dosis muy grandes de azufre endurecían tanto aquel material que perdía casi del todo su elasticidad. De la ebonita resultante se fabricaron aisladores, cajas de conmutadores y otras piezas prensadas importantes para la electrotecnia.
Hasta mucho más tarde no se intentó

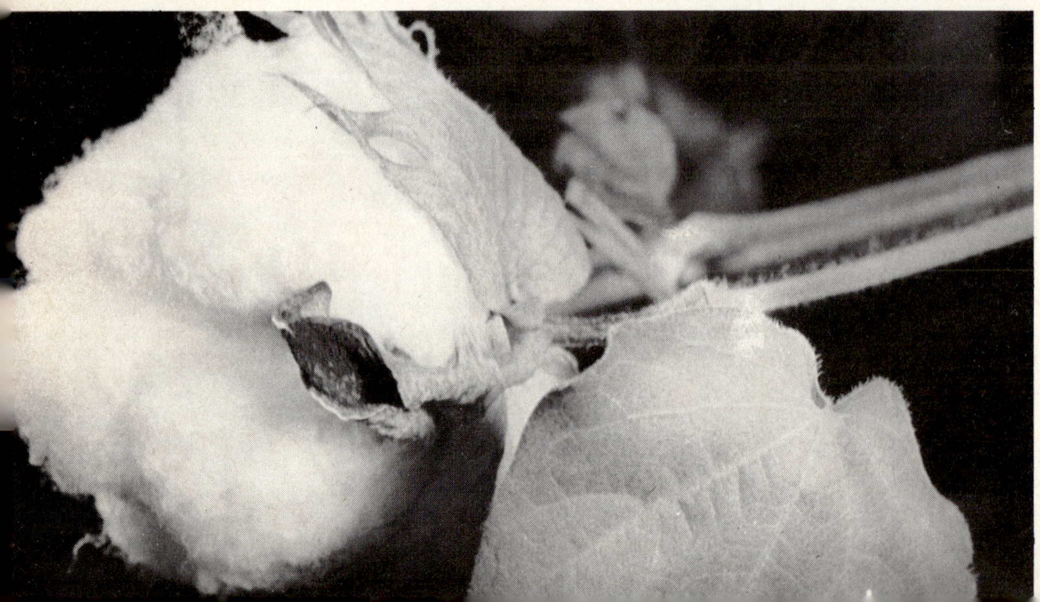

El caucho natural vulcanizado fue el punto de partida en la elaboración de sustancias semisintéticas.
Arriba: Laminación del caucho artificial.
Dcha.: Moldeado de colchones de espuma de látex. Este material natural se sustituye a base de plásticos.

El algodón se compone de alrededor de un 85 por ciento de celulosa pura. De él sale gran número de sustancias químicas: celuloide, celofán, etc., y una serie de fibras artificiales semisintéticas.
Izq.: Un capullo de algodón se abre al madurar totalmente.

«robar» a la naturaleza la fórmula de la goma, para fabricar goma artificial. Impulsó hacia ello el alto precio del caucho en bruto y su escasez durante las guerras mundiales. El material de partida para el buna (caucho artificial) fue carbón y cal, transformados en butadieno a través del carburo de calcio y el acetileno. Los químicos americanos crearon el neopren, superando en él a la naturaleza —el neopren es más resistente que el caucho natural. Existen hoy tipos de caucho artificial con las más diversas propiedades, p. ej., inmunidad contra los aceites y combustibles, contra las temperaturas altas y bajas, contra el desgaste.

Si se trata el algodón natural con los ácidos nítrico y sulfúrico, se obtiene nitrocelulosa. Esta sustancia, muy combustible, se convierte: mediante ulterior nitrificación, en pólvora sin humo; por reacción con alcanfor, en celuloide. Los primeros objetos que se hicieron con este último fueron bolas de billar —en el siglo XIX, las bolas hechas de marfil de elefante resultaban cada vez más caras y escasas. Pronto se hicieron también de celuloide cuellos de camisa, dientes postizos, láminas y películas.

El algodón disuelto en lejía y sulfuro de carbono marcó el alborear de las fibras artificiales. Hoy se puede partir también del serrín como fuente de celulosa. La solución filamentosa originada en ese proceso es susceptible de inyección en un baño de ácido —se la endurece en forma de hilos.

De las proteínas animales (caseína) se elaboraron plásticos semisintéticos como la galalita, del que salieron aislantes para la industria eléctrica, así como tazas y platos. La caseína se prestó también para la elaboración de fibras artificiales.

El primer producto totalmente sintético fue descubierto por el químico belga Leo Baekeland. Su «baquelita» se componía de fenol y formaldehído. Hizo reaccionar mutuamente estas dos sustancias en una caldera calentada a vapor; sus moléculas se combinaron formando una gigantesca red de enlaces anulares.

Cada cinco minutos se «inventa» un nuevo plástico. Pocos son los que se imponen

Los plásticos, por así decirlo, se inventan hoy «en serie» en los grandes laboratorios. Podemos partir del hecho de que cada cinco minutos nace una nueva sustancia. Pero sus mismos inventores saben que las probabilidades de un aprovechamiento práctico son de 1 : 1 000 000 o inferiores —la nueva sustancia no sólo ha de ser mejor que los plásticos ya en uso sino que, aun así, sólo tendrá posibilidad de abrirse paso, si se puede producir a base de productos básicos más baratos y mediante un método sintético más simple y económico.

La mayoría de los plásticos actuales fueron desarrollados «sistemáticamente», con un conocimiento exacto de sus elementos moleculares de partida (monómeros) y de sus leyes de combinación: polimerización (formación de macromoléculas a partir de monómeros iguales cuya estructura se conserva); copolimerización (formación de macromoléculas de dos o más monómeros distintos); policondensación (formación de macromoléculas a base de monómeros iguales con liberación de productos de descomposición como agua o alcohol) y poliadición (formación de macromoléculas a partir de monómeros iguales cuya estructura se altera por cambios de posición en las moléculas).

Tenemos sin embargo bastantes ejemplos de la ayuda de la casualidad a los químicos de los plásticos. Ocurrió así p. ej., con los investigadores del consorcio químico británico ICI. Investigaban la acción del gas etileno bajo alta presión. Por una ranura se introdujo oxígeno en el experimento. El resultado fue un polvo blanco: polietileno. De éste se hacen hoy, p. ej., bajo el nombre registrado de hostaleno, botellas y tubos, piezas de máquinas y (en forma «blanda») plásticos de empaquetar.

Otra casualidad llevó al descubrimiento del politetrafluoretileno, conocido con los nombres registrados de hostaflon y teflon. El químico de la DuPont Roy Plunkett trabajaba en determinados gases fluorados de los que se emplean como refrigerantes en las neveras o como presionadores de los botes de «spray». En un experimento a alta presión se produjo una polimerización. Con este plástico insensible al frío y al calor e incapaz de combinarse con otras moléculas, o sea un excelente deslizante y antiadherente se recubren hoy día sartenes y moldes para freír y hornear sin empleo de grasas. En un principio el teflon sólo había interesado para la fabricación de reactores atómicos y en la nagevación espacial.

Entre los primeros plásticos «comerciales» estuvo el cloruro de polivinilo

(PVC), del que se fabrican piezas y tubos así como bandas transportadoras y revestimientos para pisos. Son especialmente versátiles los plásticos del grupo *-stirol*. Se hacen de polistirol en forma compacta pequeños componentes y en su forma de espuma materiales aislates como el estiropor. Juntamente con otros monómeros (acrilnitrilo, butadieno) es también el *-stirol* material de partida para las resinas ABS de las que, bajo nombres comerciales como el novodur o el terluram, se fabrican piezas para las radios y enseres domésticos. Polimetilmetacrilato es el nombre químicamente correcto de la resina acrílica, clara como el vidrio, que conocemos por plexiglás.

En la fabricación de tubos de plástico se emplea generalmente el procedimiento sin fin del «extruder»: el material fluye a través de un cilindro calentado y —a la manera de una máquina de embutir— un tornillo lo comprime hacia afuera por una tobera de salida (abajo).

Los «termoplásticos» como el lupolen suelen trabajarse en procedimientos de inyección. La sustancia se inyecta en caliente a través de una boquilla al molde frío. Después de un breve tiempo de solidificación puede sacarse del molde la pieza terminada (arriba).

Al lado del cloruro de polivinilo (PVC) y el polietileno, el polistirol es uno de los plásticos más versátiles y baratos. Se le obtiene hoy día exclusivamente a partir del etileno (gas) y del benzol.
Abajo: Fabricación de hojas de polistirol. en la BASF de Ludwigshafen, Alemania.

Combinados con materiales conocidos, los plásticos producen rendimientos aún mayores

Las sustancias naturales son más versátiles en su empleo que las artificiales. En cambio, muchos plásticos ofrecen ventajas en un campo especial con respecto a materiales naturales comparables. Siguiendo las huellas de la naturaleza, los químicos de los EUA desarrollaron después de 30 años de trabajo el «cuero artificial» corfam. No sólo se utiliza en la fabricación de zapatos, sino que se presta también a otros muchos fines. De corfam están hechas, p. ej., las «islas de salvamento» de los modernos barcos de pasajeros.

No cede la corriente de nuevos desarrollos en materia de plásticos. Existen hoy día plásticos con propiedades similares al cuero como el corfam, otros de estructura parecida al caucho, como el spandex, otros con una conducción mínima del calor, como el RTV 615, otros más en forma de película con la propiedad de retener el agua y dejar pasar en cambio los gases, como el caucho de silicona. La mayoría de los plásticos están especializados. Hay en ellos dos o tres propiedades notables al lado de algunas otras poco satisfactorias. Nunca existirá el plástico ideal, dotado exclusivamente de cualidades positivas y de empleo universal. Este aspecto llevó a los químicos del plástico a la idea de combinar las ventajas de ciertas sustancias artificiales con las de otras naturales. También lo hace así la naturaleza. La madera, p. ej., no se compone exclusivamente de celulosa, sino también de lignina, un aglutinante que matiene adheridas las fibras leñosas. Este principio se reproduce en los contrachapados, compuestos de un 92 % de madera y un 8 % de plástico. A menudo se revisten también de plástico estas chapas.

Las mezclas de material fibroso y plástico desempeñan también un papel en otros campos. Se ha demostrado, p. ej., que las fibras de vidrio están muy indicadas para reforzar los plásticos, confiriéndoles al mismo tiempo su elasticidad. De plástico con fibra de vidrio se hacen hoy muebles y carrocerías de auto, piscinas y piezas de avión. También la incrustación de fibras de carbón o metal puede dar combinaciones de propiedades imposibles de lograr con los plásticos solos. De las fibras metálicas pasaron los técnicos de la eficiencia a materiales no metálicos: óxidos, carburos y otros compuesto químicos que se denominan colectivamente «whiskers».

Mientras en estas combinaciones los componentes individuales no son perceptibles, quedan bien separados en otros materiales mixtos —p. ej., las planchas metálicas con capas intermedias de plástico o las combinaciones de chapas convencionales para construcción con «espumas» para amortiguar el ruido y el calor.

Sustancias artificiales del tipo de las resinas combinadas con fibra de vidrio dan productos de gran rigidez y de unas propiedades de superficie extraordinarias. Abajo: Con el método de inyección se pulveriza plástico líquido sobre un molde revestido de fibra de vidrio. Dcha.: También esta «cocina esférica», resultado de un concienzudo estudio del movimiento, está hecha de material reforzado con fibra de vidrio.

El principio del tejido es antiquísimo: los hilos de la trama que corren a lo largo son enlazados por los de la urdimbre que los cruzan verticalmente. Antes del proceso de tejido, los hilos de la trama se someten a varias fases de preparación (foto arriba).

Las fibras artificiales se extienden cada vez más. Pero las naturales conservarán su importancia

¿De qué se componen las telas de que se viste hoy la gente y con las que adorna sus casas? Un cálculo aproximado indica que los materiales naturales siguen a la cabeza con unos dos tercios del consumo total. El tercio restante lo comparten, a medias más o menos, las fibras semisintéticas y sintéticas, que han experimentado un auge sin igual en estos últimos años al descubrirse cada vez nuevos usos y aplicaciones.

La celulosa es la materia prima de las fibras semisintéticas. Los métodos de fabricación de todas las fibras de este apartado (viscosa, rayón, «rayón al cobre», acetato) se parecen en sus rasgos generales. Se trata siempre de aprovechar un producto natural haciéndolo soluble. La solución de celulosa sale a través de unas hileras capilares a un baño que hace endurecerse a los hilos. Nada ha cambiado aquí en principio desde los primeros días de la «seda artificial», hace ya sus 80 años, si bien los métodos, dentro de una misma línea de manipulación, se han perfeccionado.

Al lado de estas técnicas basadas en polímeros naturales, surgieron en los años treinta las primeras fibras totalmente sintéticas. En los EUA desarrolló el nylon el genial Wallace Hume Garothers, en Alemania inventó Paul Schlack en 1938 el perlón. Estas dos fibras artificiales proceden de una misma familia química: la de las poliamidas, producidas hoy sobre todo a partir del petróleo: el ácido adipínico, obtenido del fenol y la hexametilendiamina, sintetizada del oxígeno del aire, se combinan en una atmósfera de nitrógeno y forman la poliamida de nylon.

También los poliésteres, segundo gran grupo de fibras artificiales, se componen de dos monómeros diferentes. Un ácido (tereptálico) y un alcohol (etilenglicol) se combinan en las macromoléculas de

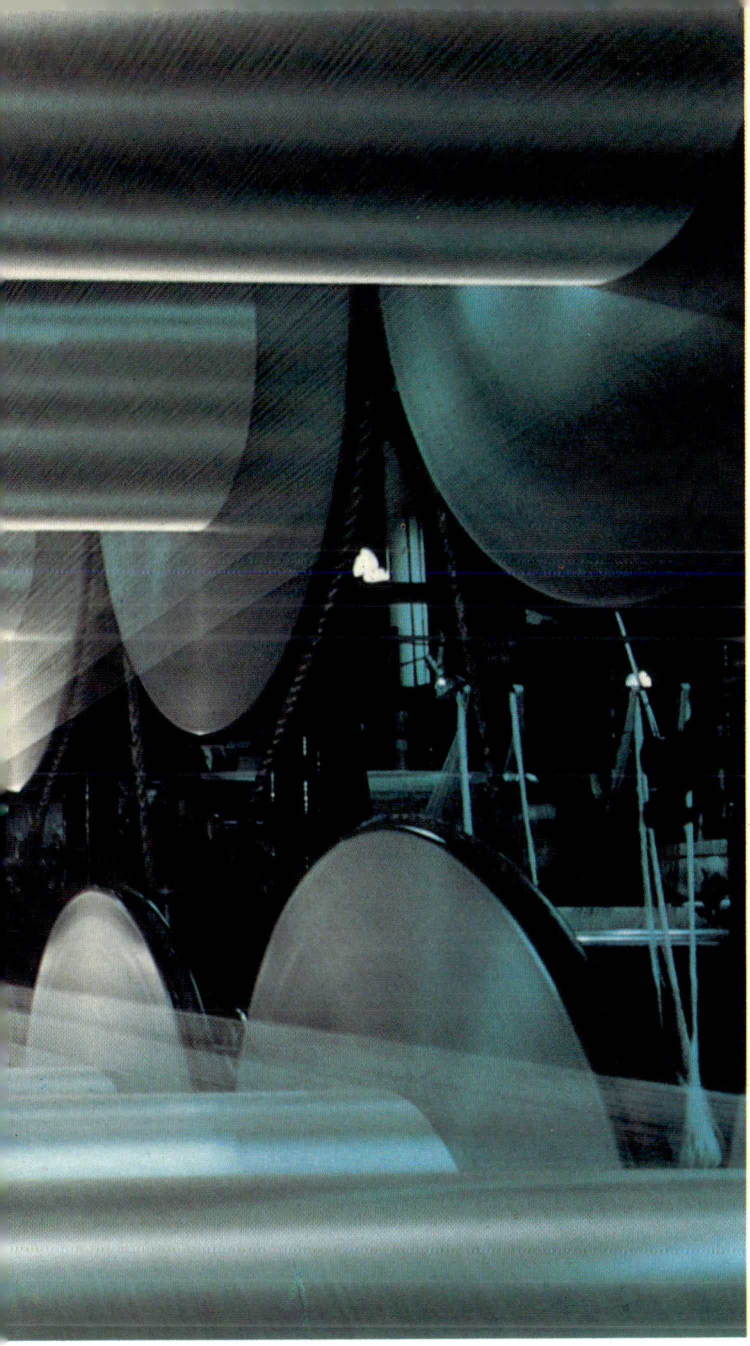

poliéster. Los nombres comerciales más conocidos de este grupo de fibras artificiales son tergal y diolen.

El carbón o (en escala ascendente) el petróleo suministran también las materias primas para el tercer grupo importante de fibras sintéticas, las acrílicas. De ellos parte la polimerización a propileno y acrilnitrilo. En el mercado aparecen, entre otros nombres, con los de orlón y dralón.

Las fibras sintéticas se hilan igual que las naturales y se las trabaja ya sea como telas (en telares) o tejidos de punto (tricotosa). Siempre que no se emplea un material ya coloreado, sigue el teñido por inmersión o el estampado en máquinas especiales. Hay además numerosos acabados encargados de perfeccionar las propiedades de uso de la tela o el tejido —p. ej., material inarrugable o que «no encoge»—, siempre en la línea de conseguir una mayor facilidad de manejo.

Estas hileras son obras maestras de la técnica. Están hechas de aleaciones de oro-platino endurecidas y de grano fino. En su placa de fondo hay hasta 60 000 perforaciones practicadas bajo microscopio con instrumentos especiales. Su diámetro oscila entre 0,15 y 0,025 mm. Dcha.: Trabajo en una tobera de hilado. Arriba dcha.: Tobera en actividad durante la producción de fibra sintética.

Los plásticos se presentan en un sinfín de formas — incluso como espumas, colas y lacas

Incorporando determinadas sustancias adicionales a las macromoléculas pueden obtenerse plásticos transparentes como el vidrio. De ese material se producen, p. ej., lentes y otros componentes ópticos. Arriba: Máquina de inyección de lentes de plástico.

La elaboración de los plásticos se basa en parte en técnicas convencionales y en parte en métodos totalmente nuevos. Como regla fundamental, a la inmensa mayoría de los materiales sintéticos de la química sólo se puede dar forma a temperaturas más o menos altas.

Esto reza también para el prensado a alta presión. De esa forma se producen de plástico granuloso piezas formadas de todo tipo, desde los componentes de electrodomésticos hasta el disco musical. Mientras se utiliza sobre todo el prensado en los duroplásticos, los termoplásticos suelen trabajarse mediante métodos de inyección: la masa pastosa se introduce en un molde frío a través de un inyector. En el moldeado sin fin —tubos, barras y mangueras— se recurre al método de extrusión: una espiral giratoria comprime el material contra una tobera. Por último, tanto los duroplásticos como los termoplásticos pueden fundirse según métodos convencionales.

Las esponjas y los acojinados así como los aislantes esponjosos para la técnica arquitectónica, se hacen de plásticos espumosos: se emplea un gas o un líquido para producir los poros. El gas se elimina por sí solo a las altas temperaturas del

Los objetos de uso cotidiano de plástico se producen en grandes inyectoras automáticas (izq.) muy indicadas para la fabricación en serie. Como materia prima se utilizan en ellos casi todos los denominados «termoplásticos», como p. ej., el polistirol.

Las hojas de plástico flexible se prestan para fines de empaquetado en pequeña escala (caramelos, embutidos) y en gran escala (silos, foto superior). Desempeñan también un papel importante en la construcción, p. ej., para proteger contra la intemperie el cemento fresco.

proceso de producción, y el agua se evapora, debiendo eliminarse por lavado las sustancias químicas en ella contenidas. La producción de «espuma» puede compararse al horneado de pasteles.

Los plásticos ofrecen además otras muchas posibilidades. Se revisten tiras de papel o tela con pastas plásticas (laminado). La presión o el calor aceleran el proceso químico de endurecimiento de esa capa. El material así tratado se emplea en gran escala para recubrir muebles. Deben mencionarse aquí las chapas de resinas de urea o de melamina (p. ej., formica) que nos dan unos muebles de cocina tan «limpios y sufridos». Al estudiar los productos químicos muy polimerizados suele olvidarse que un gran porcentaje de los plásticos van a parar a la industria de los aglutinantes y lacas. Los pegamentos tradicionales producidos sobre base natural se componían siempre de macromoléculas; pensemos simplemente en el engrudo de almidón, la cola y las gomas de pegar. La industria química, siguiendo esa «pista», ha creado multitud de pegamentos sintéticos. Casi todas las combinaciones artificiales macromoleculares pueden convertirse en pegamentos.

11 Alimentos preparados con nuevas técnicas

Se producen anualmente en el mundo 2.500 millones de toneladas de alimentos. Dos quintas partes de ellos se echan a perder fácilmente: carne y pescado, fruta y verdura, leche y grasa, queso y huevos. Es competencia de la técnica cuidar de la preparación, conservación y almacenamiento de los alimentos. Lo hace en parte mediante procedimientos tradicionales: la cerveza se brasea como hace siglos, el pan se cuece del mismo modo que hace milenios. Pero el rigor de la ciencia ha penetrado también en los laboratorios de la industria alimentaria, como en la preparación de la mantequilla (foto).

La mecanización y automatización se ha impuesto también en la preparación de los productos alimenticios

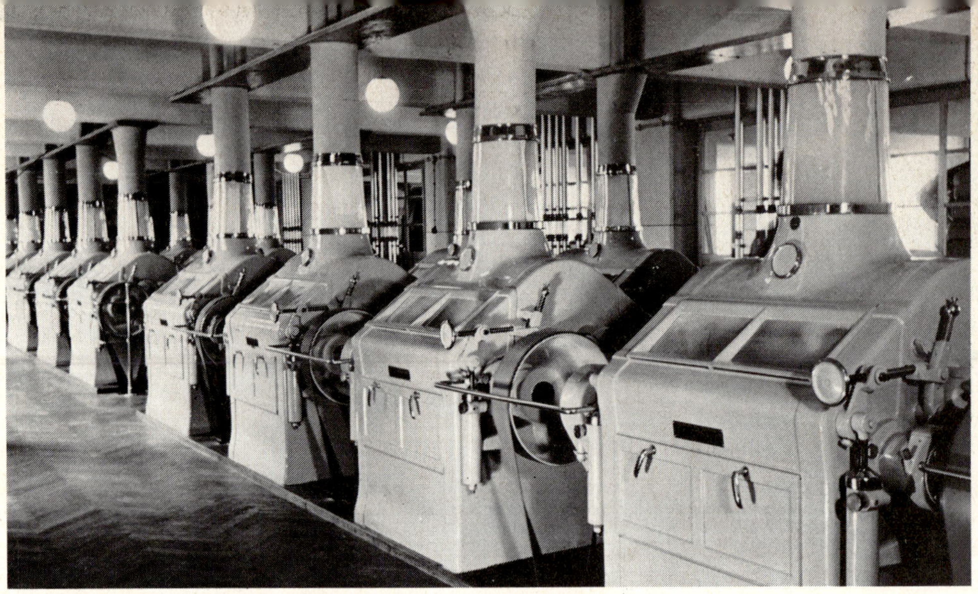

Una batería de molinos de cilindros convierte cereales en harina en este moderno supermolino (dcha.). También se automatiza la fabricación de pan. Las hogazas ya listas se enfrían al recorrer largos trechos de transporte (abajo). A continuación se empaquetan.

La técnica de los alimentos tiene que ver exclusivamente con materias primas de origen natural. El prepararlas y comercializarlas racionalmente sin perjudicar su valor alimenticio dada la fácil alteración de muchas de ellas constituye una difícil tarea, superada hoy día cada vez más a base de métodos científicos. Además, la automación y mecanización introducidas desde hace tanto tiempo en muchos procesos en las grandes empresas puede contribuir a evitar deterioros de las materias primas.

Existen tantos métodos especializados para lanzar al mercado los alimentos como productos de salida al mismo. La carne, el más antiguo alimento de la humanidad, se prepara p. ej., en procesos en serie en los grandes mataderos, siendo el resultado filetes, salchichas, conservas, etc., estandarizados.

La leche se convierte en leche en polvo en las corrientes de aire caliente de las torres pulverizadoras y en leche condensada en las calderas de acero-cromo-níquel de la industria lactaria. A fin de que la grasa no quede flotando arriba tras la condensación, se «homogeniza» el producto en una segunda fase de elaboración: comprimiéndola en toberas o entre bolas de acero hasta que adquiere una estructura homogénea. Los botes se cierran y esterilizan. El queso procede de hoy en gran parte de líneas de producción programadas de requesón y queso fresco. Los cuajares de rumiantes no bastan ya hoy para el suministro del enzima caseificador, por lo que se emplean además enzimas microbianos industriales.

Los molinos de cereales habían experimentado siempre la influencia de la gran técnica. Los métodos de molturación se encargan de un producto final homogéneo que constituye a su vez el

Gran parte de la cosecha de fruta y verdura, recogida cada vez más a máquina, va a parar a las fábricas de conservas o a las plantas congeladoras. También se halla electronizada en muchos grandes mercados de mayoreo la subasta de las consiguientes partidas.

prerrequisito del pan estandarizado de la gran industria panificadora. Desde el amasado y la fermetación hasta la cocción en túneles de horneado, todo el proceso de elaboración del pan se halla automatizado. También lo están las fábricas de galletas con su control electrónico. En muchos casos se someten estos productos a alta congelación para poder satisfacer en su momento las demandas punta.

Los jugos de fruta y verduras se pueden condensar al vacío. Se les extrae el aire con procedimientos ultrasónicos y se congelan en grandes bloques dispuestos para la descongelación y llenado de botes al dictado de la demanda. Los «néctares» con distribución homogénea de la pulpa de la fruta se consiguen mediante un tratamiento enzimático.

Las patatas se hallan entre las materias primas industrializadas en gran escala. Se las convierte en alcohol o bien se hace de ellas almidón o jarabe, harinas especiales para fritos, purés o artículos secos como «chips» y patatas fritas.

El pescado se convierte enseguida en filetes y grandes bloques, sometidos a alta congelación en las modernas piscifactorías flotantes. Una vez en tierra firme pueden descongelarse los bloques al vacío mediante el inocuo procedimiento térmico de la alta frecuencia y pasar a las naves de preparación de conservas. De los desechos se hace harina de pescado, pienso animal de gran riqueza proteínica.

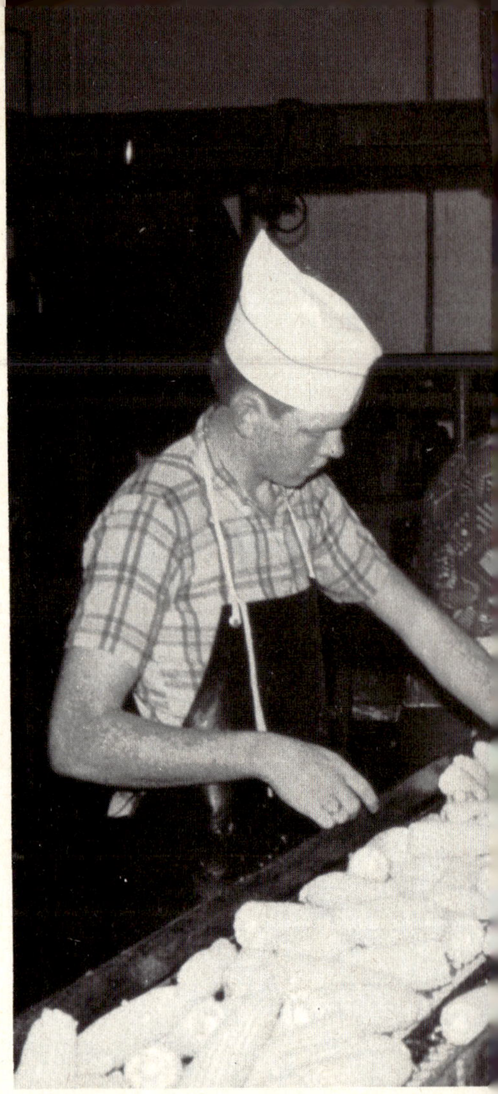

Nuevos métodos de conservación procuran mantener todo el valor nutricio

Los pomelos se cultivan principalmente en los EUA y las Antillas. Antes de su transformación en jugo se procede a la selección de esos parientes de la naranja y el limón (arriba). El zumo de los cítricos se congela en bloques y almacena también en grandes cantidades.

Selección de mazorcas de maíz en una cinta sin fin (arriba). En los EUA se las prepara en forma de conserva. Constituyen también la base de las «palomitas» de maíz. En gran parte de América y en el sur de Europa, el maíz constituyen un importante cereal nutricio.

Los alimentos son productos delicados. Si se conservan de un modo rutinario, no pierden nada de su poder calórico, pero desaparecen en su mayor parte las preciosas vitaminas y otros principios vitales. Sobre todo los métodos tradicionales —secado, salazón, encurtido, ahumado y confitado— nos suelen dejar unos artículos que a menudo tienen poco parecido con los originales.

La técnica frigorífica como método de conservación «natural» a corto o largo plazo, es cosa de nuestro siglo. Existen hoy día neveras en la mayoría de las casas. A temperaturas mínimas sobre cero se encargan de frenar eficazmente la función en corrupción y fermento de las bacterias. La merma en componentes activos se mantiene dentro de límites aceptables si se almacenan a plazo corto los alimentos y su deshidratación es reducida.

Almacenamientos más prolongados (varios meses) requieren temperaturas más bajas que las que puede procurar una nevera. Los alimentos congelados se someten a temperaturas de −18 a −20 °C. El proceso de congelación tiene lugar a unos −40 °C. Consiste en congelar «de golpe» los alimentos. Si el proceso de enfriamiento fuese lento se formarían grandes cristales de hielo que desgarrarían las paredes de las células. La congelación brusca produce cristales diminutos, las paredes celulares quedan intactas y no pueden escurrirse los jugos. El procedimiento normal de congelación de tipo similar al del congelador casero es demasiado lento para fines industriales. Hoy día se hace pasar los alimentos por un túnel congelador donde se logra la temperatura negativa precisa. Existe también la posibilidad de pulverizar en una banda sinfín con nitrógeno líquido los alimentos en cuestión: en pocos minutos se les enfría lo suficiente —el nitrógeno líquido proporciona una temperatura de −169 °C.

En todos los métodos de refrigeración y congelación tradicionales no sufre alteración el contenido de agua de los alimentos. Esto tiene numerosas desventajas; entre otras, el transporte es muy caro. Los alimentos deshidratados pesan sólo una fracción del peso natural. Además, en los artículos secos no suelen desarrollarse bacterias. El método de liofilización saca partido de estos conocimientos. El producto a conservar se congela al vacío. El agua congelada en él contenida se convierte directamente en vapor por sublimación. Queda el «armazón» totalmente seco, y por lo mismo ligerísimo, del alimento en cuestión. Hay que envasarlo en lata o en película hermética para que no absorba el agua del aire. La liofilización tiene sólo una gran desventaja: es demasiado cara, razón por la que los técnicos prefieren la deshidrata-

La liofilización se inicia en la congelación al vacío (dcha.). El hielo cristalizado se convierte inmediatamente en vapor de agua. Este método evita el deterioro de las paredes moleculares del producto, conservándose intactos el aroma y el sabor.

ción por dispersión para la producción en masa: si se inyecta a presión una corriente de gas seco a una velocidad de unos 3 m/seg a través del artículo extendido sobre una tupida red, el agua se evapora. Cierto es que pueden «escaparse» también las sustancias aromáticas, pero se las puede recuperar de la corriente de vapor y devolver al producto deshidratado.

Desde hace algún tiempo se experimenta también el método de irradiación. Mediante rayos de gran energía (a base de electrones, rayos gama o distintos isótopos) se provocan en los artículos a conservar alteraciones químicas que bloquean toda la vida microbiana. Y no es necesario cambiar aquí la temperatura. Tal vez sea éste el método del futuro. Por ahora tiene todavía la desventaja de provocar alteraciones desagradables en el sabor de los alimentos en cuestión tratados de ese modo.

Procesos de fermentación forman la base de todas las bebidas alcohólicas — pero también del vinagre

El brandy es un producto de destilación de vinos que han concluido ya su fermentación alcohólica. Arriba: Local de destilación de una destilería a orillas del Rin. Todas las tuberías que unen los alambiques con los demás recipientes se hallan precintadas por el fisco.

La fermentación alcohólica no es un proceso químicamente puro sino de índole quimicobiológica: en la transformación del azúcar en alcohol etílico intervienen enzimas producidos por microorganismos (levaduras). También otros procesos de fermentación están vinculados con microorganismos, p. ej., la fermentación del ácido láctico, ocasionada por bacterias, a la que debemos la leche ácida y el queso, o la del ácido acético —bacterias en presencia del oxígeno del aire convierten el alcohol en ácido acético.

La fermentación alcohólica parte del azúcar como materia prima. Muchos productos naturales lo contienen, p. ej., los jugos de fruta y de remolacha. La mayoría del alcohol necesario para fines alimentarios y técnicos (disolvente, perfumería, combustible) procede sin embargo de materias ricas en carbohidratos. Hay que empezar por sacarificar estos últimos —malteando los cereales o añadiendo a la patata ácido máltico o ácidos minerales. Una fuente al por mayor de alcohol industrial es la lixiviación con sulfitos de las celulosas.

El tradicional procedimiento discontinuado de fermentación (se fermenta sólo una cantidad fija cada vez y después sigue la

El vinagre es un producto de la oxidación del alcohol. Intervienen en ella determinadas bacterias. Pueden constituir el material de partida todos los líquidos alcohólicos, incluyendo el vino y la cerveza que fermentan en cubas (dcha.).

En el braseado de la cerveza se produce dióxido de carbono que empuja hacia arriba la levadura añadida al mosto lupulado, formándose en la superficie del tanque de fermentación verdaderos montones de espuma (dcha. arriba). Tras la fermentación la cerveza ha de madurar.

partida siguiente) va dejando lugar cada vez más a procesos continuos automatizados (fermentación «sin fin»). Cierto es que estos últimos padecen la desventaja de que las bacterias no presentan una proliferación normal ilimitada y que terminan por degenerar, presentando entonces propiedades distintas de las calculadas inicialmente.

Los productos de la fermentación se emplean a veces después de su clarificación y filtrado —p. ej., cerveza, vino, vinagre—, pero en su mayoría se les somete a un proceso de destilación (licores, brandies, etc.), consistente en calentar la mezcla de agua, alcohol y demás componentes haciéndola evaporarse y condensarse después en un serpentín. Los componentes de bajo punto de ebullición (entre ellos el alcohol) son los primeros en evaporarse, lo que permite separarlos de las demás sustancias. Cuando se desea obtener alcohol absolutamente libre de agua, se destila el resultado del primer proceso sobre cal viva o (en el alcohol industrial) añadiendo benzol. Aún así, el alcohol es, en su última fase, inseparable del agua, por lo que el alcohol más puro proveniente de destilería tiene una graduación de 97' 1°.

Los procesos de destilación desempeñan también un enorme papel en otros campos de la química industrial. El petróleo, p. ej., mediante la destilación fraccionada (escalonada según los diferentes puntos de ebullición), se descompone en gasolina, aceites ligeros y pesados, etc. Ciertas sustancias que se desintegran ya a su punto de ebullición, se destilan reduciendo la presión (al vacío). Se denomina destilación en seco al procedimiento consistente en extraer en ausencia de aire las sustancias fluidas contenidas en materiales sólidos. Así se obtienen p. ej., de la hulla gas ciudad, benzol, ciertos aceites y breas.

Los proveedores de grasas alimenticias son muchas plantas y animales. La mayoría de los productos iniciales requieren un refinado previo al consumo

Son grasas animales el sebo, la manteca de cerdo, el aceite de pescado y la mantequilla. Entre las vegetales se hallan los aceites de coco y palmiste así como los de oliva, girasol, soja, cacahuete, algodón, maíz, etc. Los métodos de obtención dependen del origen y forma de depósito de cada grasa.

Las grasas animales (con excepción de la mantequilla) se obtienen por simple fusión. Los aceites vegetales se extraen exprimiendo (v gr. semillas) cuando se destinan a la alimentación humana. Para fines industriales se les puede extraer también p. ej., con la ayuda de disolventes como la bencina, el éter o el tetracloruro de carbono. En muchos casos se requieren procesos de refinación —p. ej., las grasas se limpian de mucílagos y se clarifican; si no huelen bien hay que desodorizarlas, a cuyo fin se las trata al vacío con vapor de agua sobrecalentado.

Existe además todo un repertorio de posibilidades químicas para la transformación y mejora de las grasas y aceites. Las grasas líquidas, en determinadas circunstancias, pueden convertirse en grasas sólidas (hidrogenarse) mediante un tratamiento a base de hidrógeno con níquel como catalizador. Las grasas llamadas no saturadas pueden condensarse en hornos de cocción oleosa. Si se hace pasar a su través una corriente de aire, se produce una oxidación (aceites soplados). Por último se pueden tratar también las grasas con combinaciones metálicas alcalinas. El resultado son sales metálicas de los ácidos grasos contenidos en las sales (saponificación).

Entre las grasas alimentarias más populares está la margarina, inventada en 1869. Se elabora de leche descremada, aceites y grasas. Algunos tipos de margarinas se componen exclusivamente de grasas vegetales, otras contienen también grasas animales (p. ej., aceite de ballena). Se hidrogena una parte de los aceites a emplear. Como al hacerlo se destruyen las vitaminas contenidas en los productos originales, se le añaden de nuevo durante su elaboración.

El centro de gravedad de la instalación es la mantequera en donde se hace una emulsión de la grasa líquida, la leche descremada y otros aditivos (vitaminas, sal, lecitina). Gracias a su proceso de elaboración automático es hoy la margarina uno de los alimentos más puros.

La mantequilla, el gran modelo de la margarina, se obtiene tradicionalmente centrifugando la crema de la leche, aunque también hay ya procedimientos que permiten partir directamente de la leche completa, eliminando el proceso de desnatado.

Las almazaras medievales trabajaban a base de grandes ruedas de piedra que molían la aceituna (arriba). Hoy se utilizan potentes prensas. Una vez exprimido el aceite por prensado en frío, se calienta el «pastel molido» y se somete a un nuevo prensado.

La emulsión de grasas y leche desnatada se somete durante la fabricación de margarina a un enfriado rápido que solidifica el producto (abajo). La margarina se elabora en instalaciones totalmente automáticas y es por esa razón una grasa sumamente pura.

La margarina se debe a una idea del profesor agrónomo francés Mèges-Mouriés, estimulado por un concurso promovido por Napoleón III. La mantequilla escaseaba en esa época en Europa y el soberano pretendía hallar alguna grasa de gran valor alimenticio para su ejército. La producción mundial de margarina asciende a unos seis millones de toneladas y para el año 2000 se puede contar con una duplicación de la demanda. Abajo: Principales aceites y grasas (vegetales) utilizados en la fabricación de margarina.

La producción natural de alimentos no puede guardar paso con el explosivo crecimiento de la humanidad. La alimentación sintética está en marcha desde hace mucho tiempo

En los laboratorios alimentarios ha comenzado el futuro hace mucho. Instrumentos de medición aportan los datos que elaboran las computadoras (dcha.). Los especialistas creen que la demanda de alimentos de la humanidad no se podrá abastecer mucho tiempo con métodos convencionales. Se nos vienen encima los alimentos fabricados.

La química y técnicas alimentarias se habían basado hasta ahora exclusivamente en materias primas naturales, producto de plantas y animales. Pero ese sistema no es viable a muy largo plazo. La humanidad aumenta hoy a un ritmo anual de 70 millones —de mantenerlo, se duplicará en 33 años. La Organización de la alimentación y agricultura (FAO) ha comprobado que la subalimentación afecta hoy ya a un 50 % de los seres humanos. Na se puede atajar el hambre con métodos convencionales. La FAO pone todo su énfasis en una nueva industria para la producción de alimentos nuevos y sintéticos —a más tardar para 1985.

Científicos del mundo entero trabajan en la solución del problema de la construcción de una «fábrica de alimentos» encargada de producir carbohidratos (almidón, azúcar) y proteínas (albúmina animal y vegetal) sintéticas. Hoy ya existen numerosos métodos de laboratorio eficaces, que sólo esperan su utilización en la gran industria. Las primeras fábricas experimentales trabajan ya con buen resultado. Lo que producen se presenta de tal modo que sea igual o incluso superior a los alimentos convencionales en estructura, sabor y valor alimenticio. Pero nadie menciona siquiera las discutidas «píldoras» alimentarias como sustituto de las comidas habituales.

La tarea principal de esos científicos consiste en la producción de proteínas. Las de origen vegetal no son tan alimenticias como la proteína animal. La diferencia estriba en ciertos componentes de la misma (aminoácidos): la carne contiene veinte, la proteína vegetal menos. Si a la proteína vegetal se le añaden los aminoácidos faltantes, adquiere el mismo valor nutritivo que la de la carne. Y esto se está haciendo p. ej. en la India a un nivel digno de mención.

En los EUA se ha desarrollado un procedimiento para fabricar carne artificial de la proteína de la soja. El gran problema no estribó aquí en aislar las proteínas sino en presentarlas en forma de «fibras de carne» a base de un proceso «de hilado». La carne de soja se ha presentado ya en Europa como prueba. Apenas se diferencia de su modelo natural, ni en sabor ni en consistencia.

Por casualidad descubrieron los científicos franceses un método para obtener proteína a partir del petróleo. Trataban de desintegrar mediante bacterias parafinas procedentes del petróleo. Los microorganismos «se hartaron» de parafina, proliferando a velocidad geométrica. La idea de emplear para fines alimentarios la proteína de esas bacterias les pareció primero un poco peregrina a los directivos de los grandes consorcios del petróleo; pero acordaron llegar a una producción experimental. Hoy día trabajan ya en Escocia, Francia, India y la URSS las primeras fábricas de proteínas. Al igual que en el caso de la soja, se «hila» también la proteína del petróleo.

También las algas microscópicas pueden ser fuentes de proteína. Proliferan con más rapidez que la mayoría de los demás organismos. Algunas duplican su peso en cuestión de pocos minutos. También determinados hongos microscópicos producen proteína —más aprisa y mucho más barato que los animales o plantas del mundo alimentario tradicional.

Y ya existen también instalaciones experimentales que producen cantidades apreciables de carbohidratos a partir de los gases dióxido de carbono, hidrógeno y oxígeno. Las harinas y azúcares «de retorta» han dejado de ser una utopía. Del formaldehído obtenido aquí como producto intermedio pueden producirse también alcoholes y grasas sintéticos. Se ha construido ya incluso una «vaca artificial». Su leche no se diferencia de la leche natural. Esta vaca en forma de máquina tiene la gran ventaja de que no hay que «cebarla» con vegetales selectos, pues sabe convertir también en leche los productos de desecho, malas hierbas, etc.

Aparte de los problemas técnicos hay que tener en cuenta los importantes reparos culturales que impulsan a rechazar los alimentos desusados.

Gran parte de la superficie terrestre está ocupada por sabanas, estepas y desiertos. Se hacen grandes esfuerzos por aprovecharlos para la alimentación del hombre. Investigaciones con plantas resistentes en el desierto del Neguev (Israel). Se analiza en un dispositivo refrigerador especial el metabolismo de las plantas sometidas a experimentación.

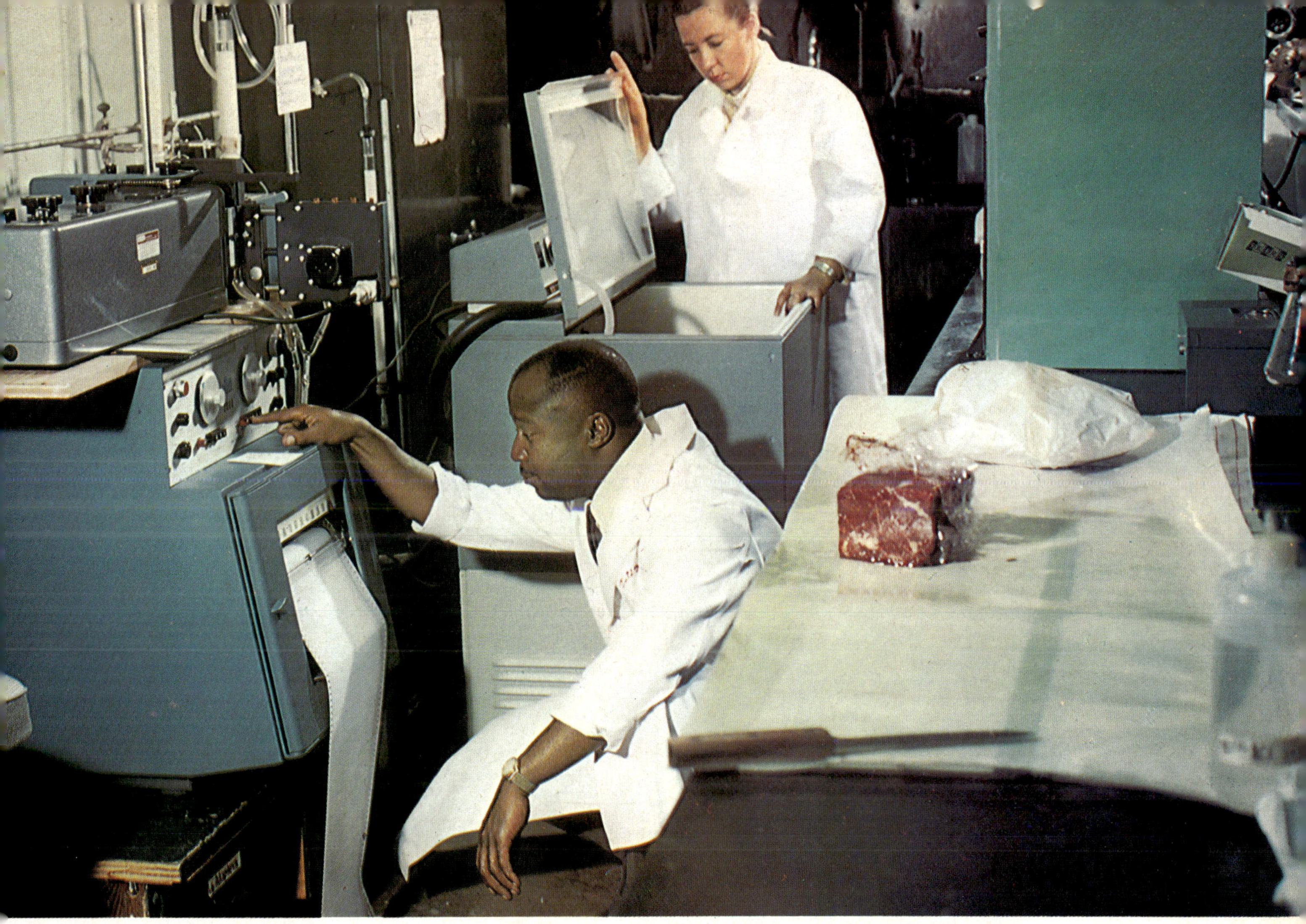

La escasez de alimentos se traduce principalmente, según la opinión de muchos expertos, en escasez de proteínas esenciales. De ahí los esfuerzos de los investigadores por lograr nuevas fuentes de proteína, p. ej., las microalgas y la soja. También se obtiene proteína del petróleo. De la proteína en polvo ya se puede «confeccionar» hoy carne artificial de buen gusto, apenas diferenciable de la carne natural. Izq.: Dos guisos de carne; en el plato de la dcha., natural, en el de la izquierda, artificial.

12

La luz: radiación que significa vida

Un mundo sin luz sería inimaginable. Sólo la luz nos permite ver, visualizándonos el mundo en toda su riqueza de formas y colores. Es además la base de toda vida: las plantas no podrían existir sin ella, con lo que no podrían vivir ni el hombre ni los animales. Por ello, la luz y la oscuridad se hallan entre los símbolos elementales de la humanidad. Personifican la vida y la muerte. En la técnica, la luz es el medio de los especialistas en iluminación y de los ópticos. El microscopio y el telescopio (foto: observatorio de Wendelstein) escudriñan gracias a la acción de la luz las estructuras más diminutas y gigantescas.

Lentes y espejos desvían los rayos de luz. Son los componentes básicos de los instrumentos ópticos

Cuando el arqueólogo inglés Austen Henry Layard sacó a la luz hace 120 años a Nínive, capital de Asiria, halló entre las ruinas del palacio del noroeste una lente de cristal de roca pulida —la primera de que tiene noticia la historia de la técnica. Probablemente emplearon los asirios este elemento fundamental de los instrumentos ópticos como vidrio ustorio —para encender fuego. De ello hace unos 2600 años.

Las lentes, definidas como «cuerpos transparentes limitados generalmente por dos superficies convexas», constituyen hoy día los componentes más importantes de prismáticos y catalejos, microscopios y telescopios, cámaras fotográficas y planetarios. Hay que diferenciar dos tipos fundamentales. Las lentes convergentes (convexas) son en el centro más gruesas que en el borde, concentran la luz incidente en un punto posterior a la lente, el foco. Las lentes divergentes (cóncavas), más estrechas en el centro que en el borde, dispersan en cambio el haz de rayos de luz que incide paralelamente en ellos.

La mayoría de los instrumentos ópticos funcionan mediante lentes convergentes. La lente o combinación de lentes que se «enfoca» en el objeto a reproducir, se denomina aquí objetivo y proyecta en el plano determinado por la distancia focal una nítida imagen del objeto en cuestión.

En el aparato fotográfico se hace pasar la película por el plano focal (o bien puede moverse la combinación de lentes de tal modo que se forme siempre una figura nítida en el plano constituido por la película). Cuando la imagen formada en el plano focal se contempla a través de una lente adicional (ocular), tenemos un telescopio. Si se coloca otra lente más delante del objetivo de un telescopio, se consigue, dicho en pocas palabras, un microscopio. Si sustituimos el objetivo de un telescopio por un espejo cóncavo, tendremos un telescopio catóptrico.

Una sola lente es incapaz de una refracción idónea —ocasiona distorsiones, reflejos y alteraciones cromáticas. Los objetivos actuales están construidos de manera que suprimen prácticamente todos estos fallos. Los objetivos de las cámaras fotográficas modernas se componen de cinco y más lentes. Las combinaciones de lentes con distancia focal móvil (zoom) llegan a tener 14 y más lentes.

Con los fotomicroscopios se pueden lograr hoy hasta 3000 aumentos. Los grandes telescopios catóptricos penetran en el espacio 2000 millones de años de luz.

El alma de un planetario es un complicado mecanismo que proyecta una reproducción natural y exacta del cielo nocturno sobre una cúpula gigantesca (izq.). Se compone de lentes, prismas y espejos en sofisticada combinación. — El telescopio gigante de Monte Palomar (dcha.) en los EUA, trabaja con un espejo cóncavo de cinco metros de diámetro; pesa 500 toneladas.

Microscopios electrónicos hacen visibles las moléculas. Rediotelescopios exploran lejanísimas galaxias

Las ondas luminosas no son suficientes cuando se trata de escudriñar estructuras diminutas o penetrar en las lejanías del cosmos. Ello ha impelido a la ciencia hace decenios a invadir otras zonas del espectro ondulatorio.

Mientras el microscopio convencional tiene un máximo de 3000 aumentos, el microscopio electrónico permite llegar a los 100 000, visualizando así moléculas de proteína o microestructuras metálicas. Sustituye los fotones por electrones que, en vez de pasar por lentes, forman haces por efecto de campos magnéticos; los campos magnéticos pueden hacer incluso el papel de espejos, obligando a «reflejarse» a los rayos electrónicos. Un procedimiento similar de polarización y refracción de los rayos electrónicos constituye también el principio de los tubos de TV. Dispositivos de desviación hacen que el rayo electrónico recorra la pantalla a velocidad de relámpago, dando la impresión de una imagen cerrada.

Hemos hablado ya de que al refractar luz blanca mediante un prisma, se produce un espectro que despliega todos los colores (longitudes de onda de la luz), del violeta al rojo. No hay solución de continuidad entre los distintos colores (espectro continuo). Pero si se refracta la luz irradiada por gases muy calientes o por elementos sólidos vaporizados al rojo, ese espectro no presenta una banda cromática continua, sino algunas líneas de color. Cada elemento químico tiene su «espectro lineal» propio y exclusivo por el que se le puede identificar mediante el análisis espectral.

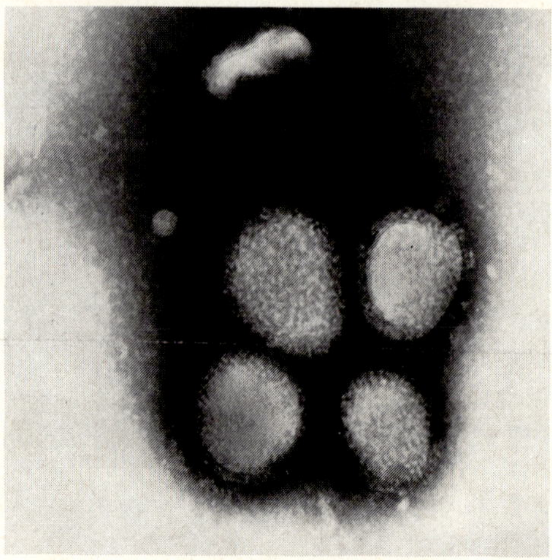

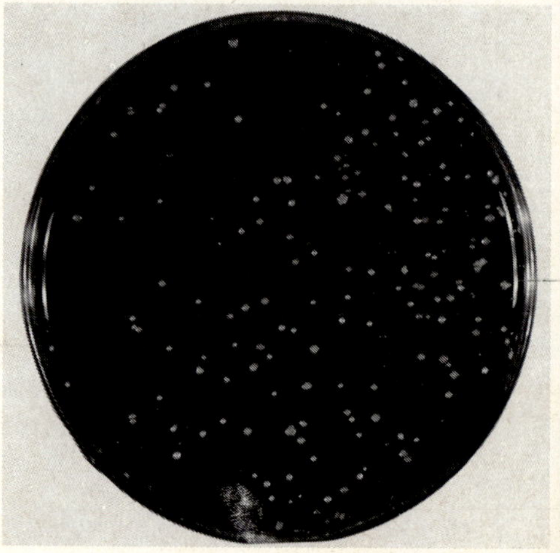

El microscopio electrónico no trabaja con los fotones de los rayos de luz sino con electrones muy acelerados condensados y desviados por bobinas (arriba). A diferencia del microscopio ordinario que permite un máximo de 3000 aumentos, el electrónico alcanza los 100 000. Métodos de proyección elevan esa escala hasta 1 : 1 000 000. De este modo llegan a ser visibles microestructuras como los virus (foto dcha.). Ext. dcha.: Bacterias en caldo de cultivo a la luz del microscopio óptico. Se pueden distinguir las diversas aglomeraciones de la cepa.

Los radiotelescopios pueden «escuchar» hacia las profundidades del cosmos. No captan rayos de luz, sino ondas de radiofrecuencia en campos de longitud de onda entre 1 cm y 20 m. El espectro ondulatorio permite hacer deducciones acerca de la composición de la materia en el espacio sideral. El radiotelescopio más importante del mundo (diámetro de la antena parabólica = 100 m) está cerca de Effelsberg, Alemania (foto izq.).

Pero algunas veces, p. ej., durante la observación espectroscópica de la luz del Sol, aparece también una banda cromática continua, interrumpida por muchas líneas negras. Explicación: la zona gaseosa solar exterior (corona) absorbe determinados rayos entre los emitidos por el Sol —correspondientes siempre a las líneas de aquellos elementos que no sólo se contienen en la esfera solar, sino también en la corona (espectro de absorción).

Los espectros lineales y de absorción permiten analizar hoy día la composición atómica de las cantidades de materia más insignificantes. Desempeñan una función capital, no sólo en la práctica cotidiana de laboratorio, sino también en la investigación científica. Muchos conocimientos de la moderna física atómica se deben a la espectroscopia. Entre otras cosas, el análisis espectral ha permitido descubrir nuevos elementos, como el helio, tan difíciles de localizar, mediante la aplicación de otros métodos, por su nobleza.

La espectroscopia es insustituible cuando no se dispone de ningún elemento como materia de investigación y sólo pueden captarse ondas electromagnéticas —o sea en todo el campo de la astronomía. Lo que sabemos hoy sobre la composición material de las estrellas vivas, lo debemos a la ciencia del espectro. En este punto trabajan los astrónomos a veces con rayos de luz captados por refractores (telescopios) y reflectores (telescopios catóptricos), y también otras veces con las ondas de radiofrecuencias emitidas por las estrellas y «visualizadas» por las gigantescas antenas parabólicas de los radiotelescopios. En ambos casos pueden combinarse los instrumentos observadores con espectrógrafos que proporcionan espectros de absorción claramente legibles de las estrellas vivas.

Rayos láser del amplificador de luz: mil aplicaciones — y apenas se ha comenzado

En una bombilla normal se produce la luz al estimularse por calentamiento los átomos metálicos del filamento de incandescencia a un estado de energía más elevado. Cuando esos átomos, al enfriarse, vuelven a su estado de reposo, devuelven la energía recibida, emitiendo cuantos de luz (fotones). El resultado es una luz compuesta de diferentes longitudes de onda (equivalentes a colores).

En 1960, el físico Theodore Maiman inventó un dispositivo para elevar el estado de energía de los átomos de un rubí. Entonces irradian luz únicamente de determinada longitud de onda y las ondas de ese haz luminoso no se difunden dispersándose como la luz normal sino a intervalos ordenados y uniformes entre los nodos y vientres de sus ondas —de un modo «coherente», que diría un físico.

El aparato de Maiman, un amplificador de la luz, recibió el nombre un tanto complicado de «Light Amplification by Stimulated Emission of Radiation» (amplificación de la luz por la emisión estimulada de radiación), abreviado LASER. Trabajaba bajo el principio de una «bomba de luz»: los átomos de cromo contenidos en un cristal de rubí se cargaban de energía por los chispazos de luz. Irradiaban fotones de la misma energía que forzaban a otros átomos a irradiar más fotones. Las partículas luminosas «rebotaban» de aquí para allá con intensidad creciente contra los «espejos» formados por las superficies del cristal y salían finalmente al exterior en forma de un estrecho haz de luz roja (rayo láser). El rayo láser puede generarse hoy día también con otros procedimientos. Si bien la investigación del láser se halla todavía en pañales, existen ya un sinnúmero de aplicaciones prácticas. Se puede emplear para hacer distintas mediciones. En los trabajos de perforación, soldadura y corte es eficaz su enorme densidad de energía (10 billones de vatios por cm^2). En medicina sirve el láser como bisturí de luz para operar y para efectuar soldaduras en casos de desprendimiento de la retina. En la técnica de comunicaciones se espera poder transmitir un día enormes torrentes de noticias con la ayuda del láser.

El láser ha creado también la posibilidad de la fotografía tridimensional sin lentes (holografía). Se fija en una placa fotográfica la posición de un objeto en el espacio mediante dos rayos láser. Si esta placa, la holografía, vuelve a iluminarse con un rayo láser, se origina una proyección tridimensional del objeto —es decir, una imagen que puede ofrecer todo su esplendor tridimensional desde dondequiera que se la mire. Se utiliza ya la holografía para efectos escenográficos y tal vez constituya un día la base de una TV en color y relieve. Se estudia también el valor de la holografía para almacenamiento de datos en forma de memoria luminosa, en lugar de electrónica.

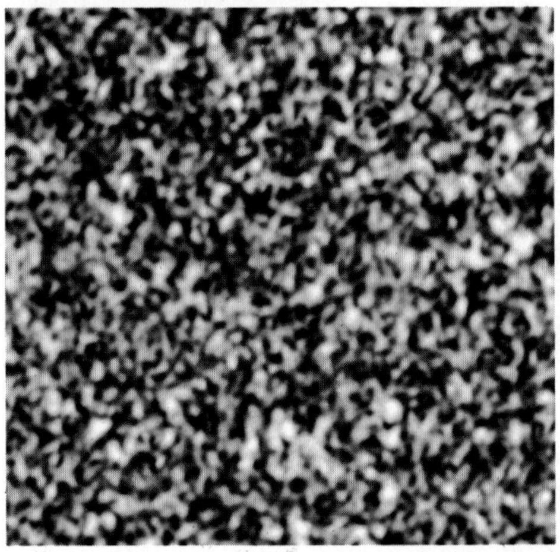

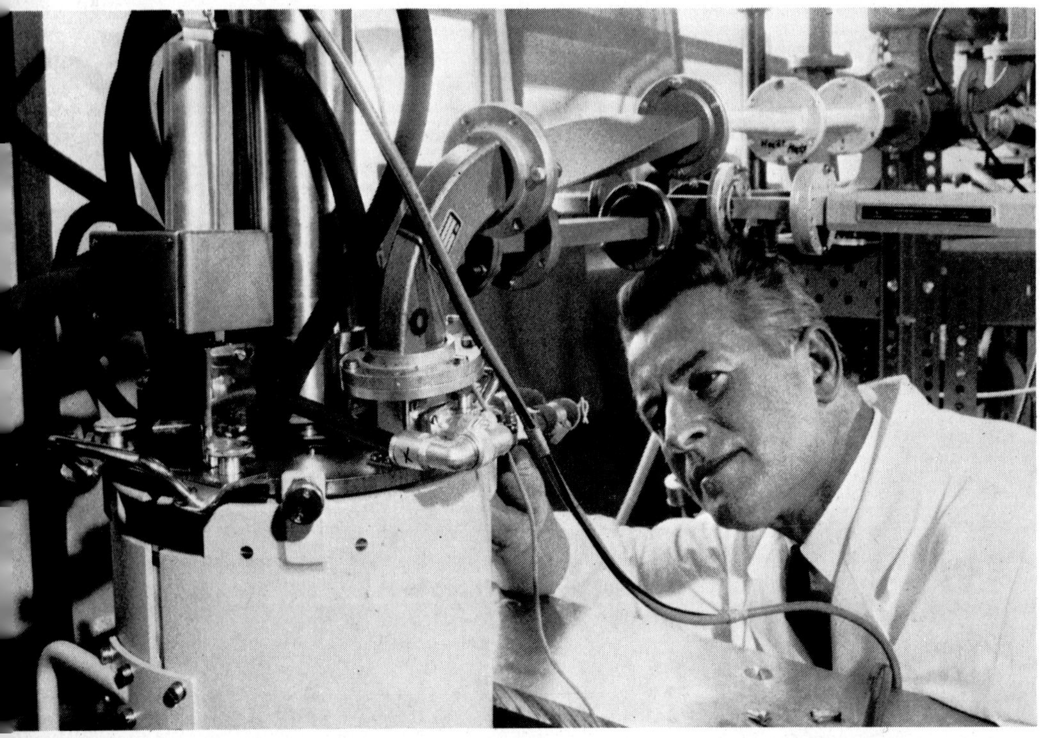

El principio de la fotografía tridimensional sin lentes (holografía) fue descubierto en 1947, pero no pudo realizarse hasta la invención del láser —que trabaja con luz «coherente». Dos rayos láser fijan la imagen en relieve de un objeto sobre una placa fotográfica (arriba) que contiene todas las informaciones «en clave». Al irradiar esa placa u holograma con un rayo láser se produce una imagen tridimensional «palpable» (ext. superior: modelo de un cristal). Dcha.: La holografía produce efectos escénicos «mágicos», por lo que se lo ha usado ya en el teatro.

El máser o amplificador molecular (izq.) está emparentado con el láser. Se utiliza sobre todo para amplificar las radioseñales cósmicas captadas por los satélites de comunicación. A diferencia del láser trabaja en la gama de las microondas.

El arte del acertado enfoque del mundo: fundamentos de la técnica del alumbrado

En el uso casero se emplean sobre todo dos tipos de luz: la bombilla de filamento y el tubo fluorescente. Ambos tienen ventajas y desventajas y su competición por el favor del público está aún muy lejos de decidirse.

La bombilla o foco, inventada en 1854 por el relojero alemán Goebel, emigrado a los EUA, y desarrollada prácticamente pocos decenios después por el norteamericano Thomas Alva Edison, es un globo de vidrio con un filamento espiral de wolframio, calentado hasta 3000 °C por electricidad. La bombilla contiene un gas noble (argón, criptón) que impide la evaporación del filamento —de otro modo se fundiría en seguida. La fuente de luz es en este caso el filamento incandescente: pero produce mucho calor superfluo. Como el 96 % de la energía eléctrica empleada se pierde en esa «calefacción involuntaria», un 4 % se convierte en la luz de la bombilla.

Muy distinto es el funcionamiento del tubo «frío». Ya no se llena hoy como antes con el gas noble neón (tubo de neón) sino con argón y un poco de vapor de mercurio. En sus dos extremos están los electrodos —no hay ningún filamento transversal. La superficie interior del tubo está recubierta de una capa fluorescente (wolframato cálcico, silicato de cinc, etc.) Un cebo ioniza el gas y lo hace conductor eléctrico —se produce un

flujo de electrones entre el cátodo y el ánodo. Los electrones chocan con las moléculas de mercurio, haciéndolas emitir rayos ultravioleta (invisibles) que «pegan» en la capa fluorescente y se convierten así en rayos de luz visible. La fuente de luz es como vemos, la capa fluorescente en contacto con los rayos UV. Ventaja principal: dentro de un consumo de corriente relativamente bajo produce mucha luz y no se calienta. Desventaja: a temperaturas muy superiores o inferiores a 25 °C disminuye su intensidad luminosa.

Pero la fuente luminosa no es todo —hay que instalarla dentro de una lámpara que produzca un iluminado idóneo. Es decisiva, además de la distribución de luz y sombra (ausencia del deslumbramiento y de sombras muy «duras»), la elección del color ideal de la luz. En las habitaciones se prefieren lámparas que den una luz «caliente» (amarilla-rojiza), comparable a la de una bujía. Las bombillas normales la dan así de por sí —los tubos «fríos» pueden revestirse correspondientemente. En los lugares de trabajo suele predominar una luz similar a la de día, regularmente mucho más intensa —produce un estímulo sobrio y generalmente un poco «frío». Lo que todavía está por determinar —y están investigando los psicólogos laborales— es qué color debe tener esa luz de trabajo.

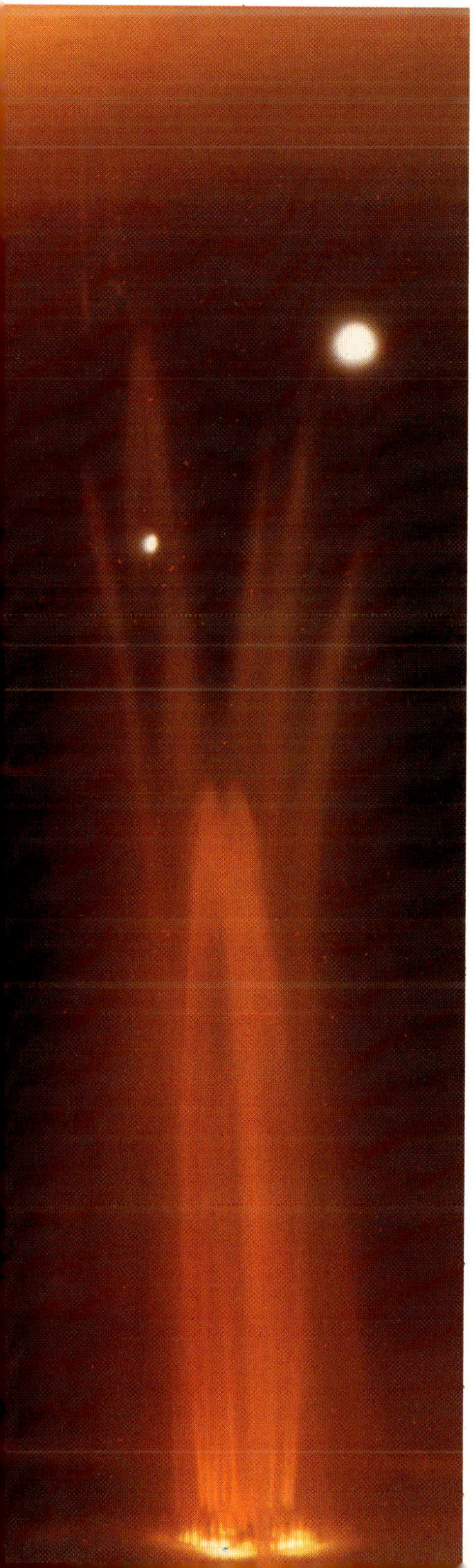

Sinfonía de colores de las fuentes del Trocadero en París (izq.) Proyectores subacuáticos inyectan, por así decirlo, la luz en los chorros de agua. Izq. arriba: Potentes reflectores de rayo ancho iluminan los estadios deportivos como para una retransmisión televisiva.

Autopistas con alumbrado total —dorado sueño que, por su costo, difícilmente se verá cumplido, aunque se traduciría en una gran seguridad del tráfico.
Arriba: Teoría de luces delanteras y traseras en un tramo de autopista muy «denso» junto a Leverkusen.

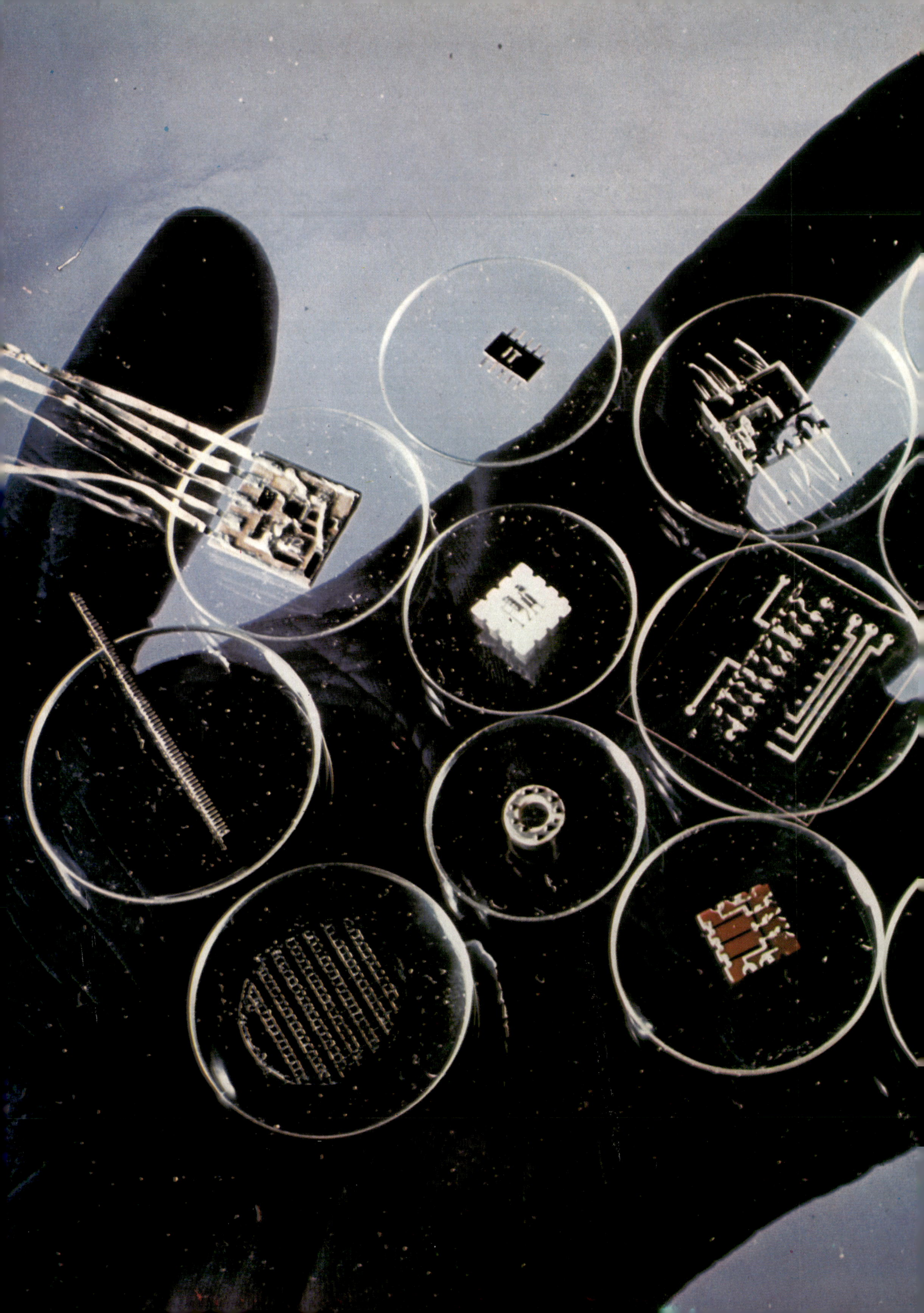

13

La toma del poder de los computadores

Todos hablan de la electrónica. Pero si se pregunta qué hay que entender propiamente por la misma, se suele obtener de los especialistas explicaciones diferentes. Se puede definir la electrónica como la parte de la física atómica que estudia el movimiento de las partículas con carga eléctrica (electrones, iones) en el vacío, en los gases y en los semiconductores. Sin embargo, se entiende como «electrónica» la simple utilización práctica de los componentes electrónicos (tubos, transistores, etc.). Trataremos aquí de esos componentes, que ya no viven aislados, sino suelen ir combinados en forma de diminutos circuitos integrados (foto).

En el principio de la era electrónica tuvo lugar la invención de la válvula electrónica

Los electrones, sillares de todas las periferias atómicas, propenden a moverse más o menos según las circunstancias si se les estimula a ello. En los malos conductores (p. ej. el vidrio) apenas se mueven «de su sitio». En cambio los buenos conductores (p. ej. los metales) les dan mucha mayor libertad de movimientos. En los líquidos y gases se mueven siguiendo a partículas de materia (iones) como medio de transporte. En cambio en el vacío pueden formar verdaderas nubes electrónicas.

Esta formación de nubes fue observada por primera vez por el inventor norteamericano Thomas Alva Edison. La denominó «efecto electroluminiscente» porque las nubes de electrones procedían de un filamento incandescente encerrado en un globo de vidrio al vacío —ocupábase Edison entonces de la construcción de una lámpara incandescente.

Edison no pudo proporcionar entonces la explicación teórica de ese efecto. Lo han hecho posteriormente muchos inventores que buscaban una utilización práctica de aquella observación. El descubrimiento de Edison tuvo consecuencias que nadie hubiera sospechado. Estableció la base para el desarrollo de los tubos de electrones y con ello de toda la técnica de la información y comunicación de nuestro siglo.

El ejemplo más sencillo de un tubo electrónico es el de dos polos o diodo. Frente a un polo (cátodo) sometido por una corriente a incandescencia y por lo mismo a la emisión de electrones, se coloca como segundo polo (ánodo) una placa metálica. Si se le comunica al ánodo una tensión eléctrica positiva, la corriente de electrones es «succionada» del cátodo al ánodo. Ello no ocurre en sentido contrario cuando se invierte la tensión. Por esta razón se emplea el diodo como rectificador de corriente.

En el tubo de tres polos (triodo) se interpola entre el cátodo y el ánodo una rejilla con tensión negativa previa. El efecto amplificador tiene lugar debido a que la corriente electrónica que fluye hacia el ánodo es dirigida por la débil tensión directora de la rejilla.

Este efecto puede llevarse aún más lejos. En el tubo de cinco polos (pentodo) se interpola una rejilla «blindada» que acelera los electrones en dirección al ánodo. Como se genera entonces una corriente electrónica más intensa, «saltarían» electrones del ánodo —fenómeno muy contraproducente, que se impide mediante una rejilla de freno con carga positiva. Los pentodos son realmente mucho más complicados que los triodos, pero proporcionan una línea amplificadora secundaria mucho mejor. Sobre todo en los años veinte y treinta de nuestro siglo y bajo la influencia de la técnica emisora y receptora de la radio, los tubos se hicieron cada vez más complicados. No eran nada

Los tubos de campo errático se utilizan en el sector de las microondas. Trabajan según el principio de tiempo de recorrido: no se controla la intensidad sino la velocidad de la corriente de electrones. Izq.: El tubo de campo errático mayor de Europa, fabricado por Siemens.

En los últimos decenios se ha mecanizado y automatizado al máximo la fabricación de tubos. Un tren giratorio hace pasar los tubos totalmente armados ante los resoplantes quemadores de gas (arriba). Se requiere una gran precisión en el acabado de estos componentes electrónicos, armados a base de piezas de materiales muy diversos. Hay tubos de gran tamaño e importancia que aun hoy día se fabrican con métodos de artesanía a base de soplado y fundido en el taller de vidriería por ser más de fiar éste que la fabricación automática.

extraordinario los de seis y ocho polos (hexodos, octodos). Al mismo tiempo se revelaron los límites de los tubos tradicionales: demostraron ser inadecuados para longitudes de onda muy pequeñas (microondas). Ello se correlaciona con las leyes físicas. Un tubo sólo puede amplificar las ondas que sean más largas que la carrera de los electrones dentro de él. Dicho más exactamente: la señal del electrodo guía no puede modificarse antes de que el electrón haya abandonado su campo de influencia.

Para eludir esas dificultades se empezó por construir bulbos con distancias menores entre los electrodos. Las construcciones modernas de metal y cerámica presentan distancias entre electrodos de diez millonésimas de mm. Precisamente esta distancia microscópica impedía por otro lado la construcción de tubos capaces de mayor intensidad que se necesitaban para fines especiales: con tensiones demasiado altas el material aislante dejaba de serlo.

El clistron trajo la solución de ese problema. Si se quiere evitar que interfieran la longitud de onda y la carrera de los electrones, hay que procurar una aceleración de la corriente electrónica o un «frenado» de las ondas. El clistron se sirvió de esta sencilla idea, por cierto con gran esfuerzo de técnica y construcción. Al mayor grupo de clistron pertenece entre otros el magnetron, capaz de impulsos de hasta 30 millones de vatios en las emisoras de radar, o el tubo de campo errático que amplifica los impulsos de radar captados.

Una forma especial de tubo es el «tiratron» (triodo de gas). Sirve, p. ej., para regular el número de revoluciones de motores eléctricos de gran potencia. El tiratron conecta y desconecta fugazmente la corriente que va al motor.

Tres cañones electrónicos en el cuello del tubo de TV en color generan tres rayos de electrones independientes entre si en los colores fundamentales verde, rojo y azul. Tras pasar por una máscara perforada, hacen brillar los puntos fluorescentes situados en la pantalla. La imagen total en color se compone de más de 1 200 000 de esos puntos, produciéndose una mezcla aditiva de los colores básicos. Los puntos fluorescentes en rojo y verde dan un amarillo vivo como color resultante. El sistema PAL de TV en color es «compatible», es decir, lo pueden recibir bien los aparatos en blanco y negro.

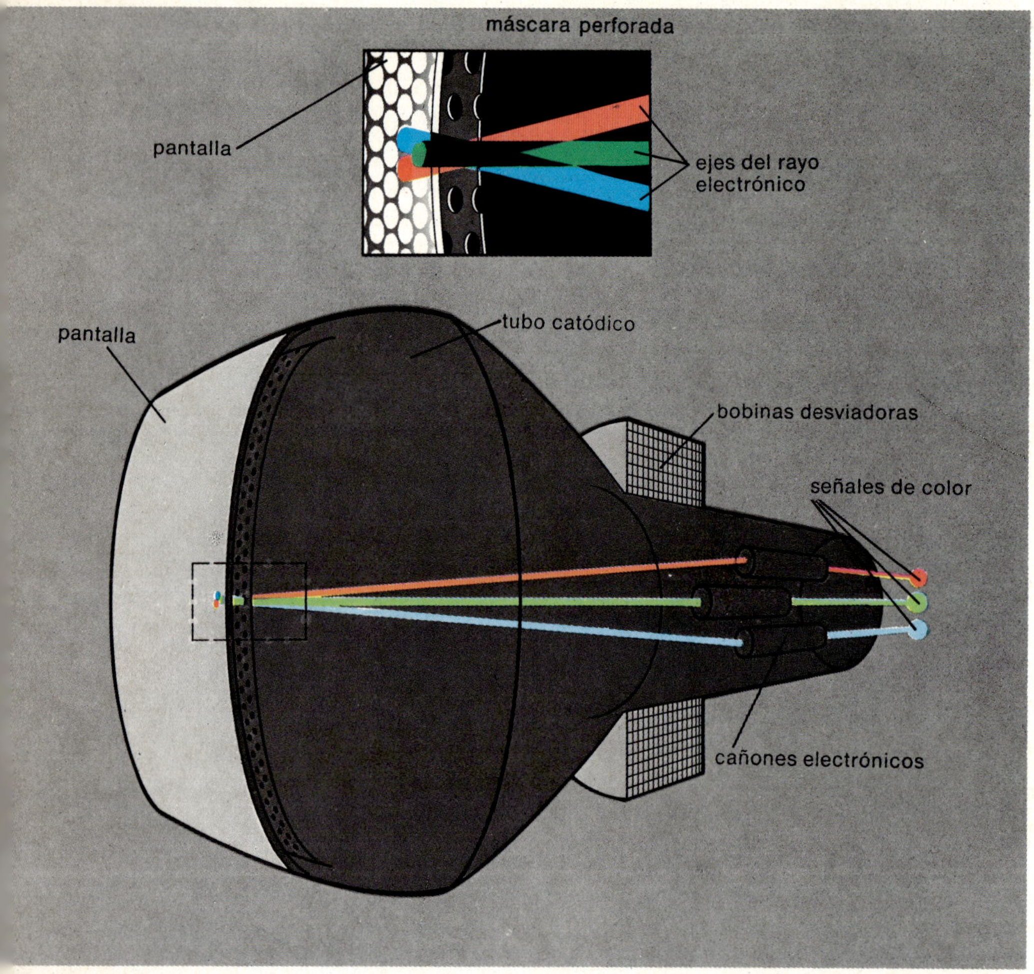

Los rayos electrónicos constituyen el secreto técnico de la televisión y otros muchos sistemas

Los electrones emitidos por el cátodo de un tubo al vacío son mucho más versátiles de lo que podría creerse. Se pueden acelerar y polarizar, amplificar y debilitar, desviar y visualizar. De ese modo constituyen la base de aparatos electrónicos tan diferentes como el microscopio electrónico y el receptor de televisión, los rayos X y los ciclotrones, el oscilógrafo y el visor infrarrojo. Llevando al máximo la polarización y la concentración de energía se puede incluso con su ayuda perforar, cortar, soldar y fundir metales.

El ejemplo clásico del empleo práctico de los rayos electrónicos o catódicos (porque proceden de los cátodos incandescentes de los tubos) es el tubo de Braun que hace visibles los rayos electrónicos dirigidos, desempeñando un papel básico no sólo en los receptores de TV, sino también en los oscilógrafos y aparatos de radar.

Al igual que cualquier tubo electrónico, dispone de un cátodo que emite electrones. Estos electrones inicialmente «en desorden» se polarizan y aceleran formando un rayo. Mediante electroimanes situados en el cuello del tubo puede dirigirse y desviarse ese rayo a voluntad. Choca con una pantalla revestida de una masa fluorescente y se hace visible en forma de punto luminoso, cuya claridad puede graduarse a voluntad, pudiendo reproducirse todos los tonos grises, del blanco al negro. En el aparato de TV la dirección del rayo electrónico se encarga de que se vaya iluminando, raya a raya, la pantalla entera. Esto tarda 1/25 de segundo, es decir, la imagen completa aparece 25 veces por segundo. Como la pantalla está dividida en 625 rayas, el rayo «barre» la pantalla 15 625 veces por segundo, produciendo al hacerlo unos 13 millones de puntos, que el ojo capta como una imagen cerrada.

Es más complicado el tubo videofotográfico utilizado en las videocámaras. Un

Las cámaras de TV en color contienen un sistema de tubos propio para cada color. Un distribuidor de rayos descompone la imagen en imágenes parciales: verde, roja y azul. Izq.: Tubo de TV con filtro azul. Los impulsos cromáticos no se integran en imagen hasta llegar al receptor.

Los campos magnéticos extraños pueden interferir mucho en la debida dirección de los rayos electrónicos hacia los agujeros de la máscara y los puntos cromáticos. Este dispositivo (izq.) suprime el campo magnético terrestre a efectos de investigación.

La pantalla de TV en color está dotada de más de 1 200 000 puntos fosforescentes de color. Bajo la misma se halla una delgadísima máscara perforada de acero a través de cuyos agujeros (más de 400 000) los «cañones electrónicos» irradian los puntillos fosforescentes.

sistema de lentes proyecta la imagen en un fotocátodo compuesto de material semiconductor que emite electrones en sus distintos puntos de acuerdo con la cantidad de luz. Se transmiten aquellos a una delgadísima película de vidrio en la que se produce un «relieve de cargas», especie de reproducción electrónica de la imagen. Un rayo de electrones «palpa» la imagen latente compuesta por cargas, se amplifica y convierte en videoseñal y junto con otras informaciones electrónicas (impulsos del salto de líneas e imágenes) se transmite a la emisora.

En la televisión en color, la imagen tomada por la cámara se descompone en los colores básicos rojo, azul y verde. De estos impulsos surge mediante un complicado sistema una señal de color y otra luminosa, que son emitidas previa mezcla electrónica. En el receptor vuelven a transformarse en señales de colores básicos que se pasan a tres fuentes electrónicas. Sólo al llegar a la pantalla —dotada de 1 200 000 puntos luminosos, compuesto cada uno por un disco fluorescente verde, rojo y azul —producen los rayos electrónicos el efecto cromático. Antes tienen que pasar por una rejilla perforada con 400 000 orificios. El ajuste de un tubo de TV en color constituye por lo mismo un trabajo de precisión.

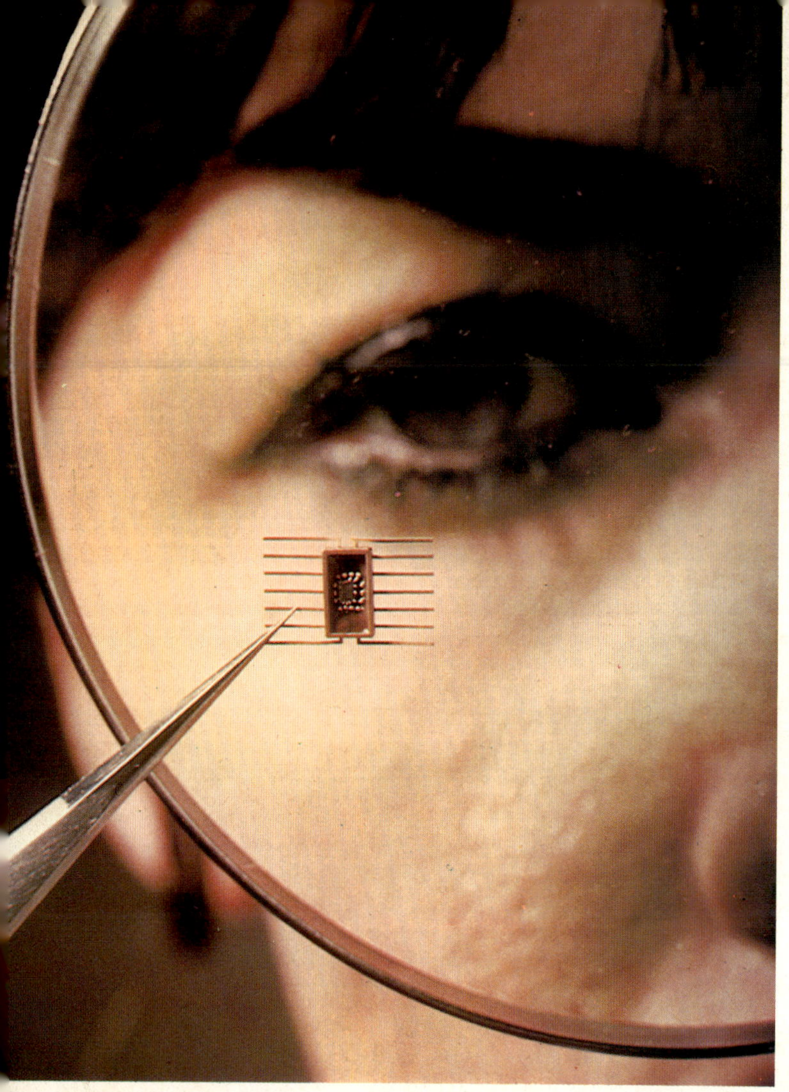

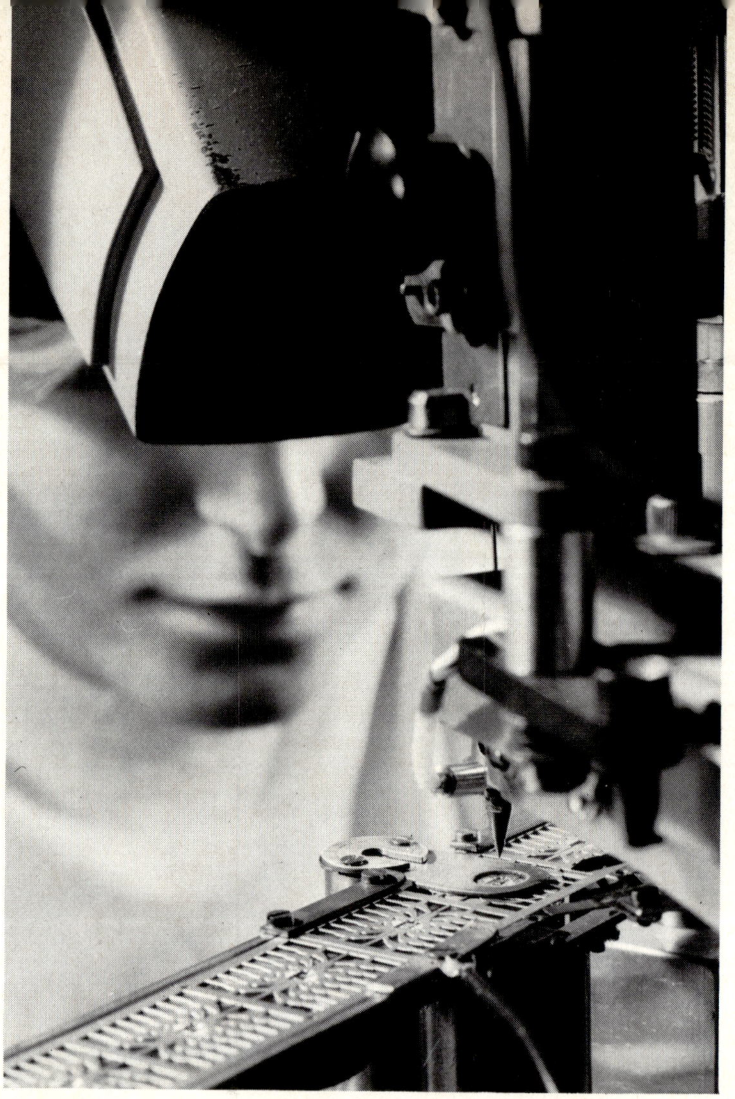

Los semiconductores revolucionan las posibilidades de la técnica electrónica

En los chips (plaquitas de semiconductores; izq. arriba) se reúnen varios componentes electrónicos para constituir circuitos «integrados» completos. Arriba dcha.: Bajo el microscopio se conectan los chips mediante presión y soldadura con el circuito externo.

Producción de silicio purísimo para semiconductores mediante el método de fusión por zonas (dcha.). Un campo magnético actúa en el proceso de fusión y «desplaza» las impurezas hacia los extremos de los cristales de donde se las puede cortar cuando éstos han enfriado.

La noción de que los electrones sólo podían moverse libremente dentro de los buenos conductores o —como en el caso de los tubos— en el vacío, constituyó por mucho tiempo una de las bases «indiscutibles» de la electrónica. Los no conductores se utilizaban únicamente para aislar y se contaba entre ellos la mayoría de los cristales.

Los científicos norteamericanos J. Bardeen, W. H. Brattain y W. Shockley se ocupaban hace 25 años del estudio de varios cristales en los laboratorios de la empresa Bell. Habían partido del cristal detector, que había desempeñado un papel como rectificador en los receptores sin lámparas cuando la radio estaba aún en pañales y que había sido olvidado al imponerse los tubos electrónicos.

Los tres investigadores comprobaron con asombro que además de los buenos y malos conductores existe una tercera categoría: la de los semiconductores. Llamaron así a cristales de determinado origen (p. ej. de germanio o silicio), «donados» selectivamente de átomos extraños. Con esta adición, presentaban los cristales propiedades similares o incluso superiores a las características de los bulbos: en los semiconductores se disponía de electrones sin necesidad de calentar, si bien en menor número que en los buenos conductores.

La donación, base de una complicada técnica especializada, tiene lugar a una escala diminuta: por cada varios millones de átomos del cristal hay un átomo donado. Esa cantidad basta, según el elemento de donación, para provocar o bien un exceso de electrones (que hace del cristal un conductor negativo, conductor n) o un defecto de electrones (que provoca una carga positiva; el cristal es conductor p).

De estos cristales conductores n y p pueden formarse elementos semiconductores muy diferentes. El diodo (rectificador), el más sencillo de estos componentes, se compone de un cristal n y otro p. En la superficie de contacto de los dos cristales se forma una «capa limítrofe» que sólo deja pasar los electrones en un sentido.

Si se le añade al diodo una zona p más, surge el transistor (del inglés «transfer resistor» = resistente a la transferencia). Se puede utilizar como un tubo triodo (ver comparación de los sistemas en la página 23). Además del transistor pnp existe el tipo npn. Ambos permiten muchas combinaciones de circuito.

Los semiconductores se utilizan hoy día no sólo en la técnica de las comunicaciones, sino también en la de alta tensión (p. ej., el tiristor como rectificador graduable, el decadiodo en la estabilización de las tensiones iguales). Los fotoelementos a base de semiconductores trabajan como las conocidas células fotoeléctricas (p. ej., en los exposímetros).

Los instrumentos electrónicos son cada vez más diminutos. Los semiconductores han creado la posibilidad de la microminiaturización

Para preparar los circuitos integrados se utilizan planos denominados «máscaras» —presentan todos los detalles del circuito (arriba). Al hacer estas máscaras se combinan en una pantalla de proyección a control de computador las estructuras básicas normadas.

Los microcircuitos tienen que pasar por numerosas fases de elaboración (dcha.) y posterior comprobación
En varias fases, la delgadísima placa básica de silicio se somete a tratamiento mediante sustancias gaseosas o sólidas —en microdimensiones.

Un aparato de radio se compone de docenas o centenares de distintos componentes: los rectificadores y amplificadores, condensadores y resistencias así como otros muchos elementos tienen que unirse en forma de conexiones y circuitos para que el aparato funcione. Antes se lograban esos contactos mediante hilos soldados entre sí, pero los técnicos idearon imprimir o pulverizar las conexiones de los componentes sobre material aislante —los aparatos resultaron así menores y más baratos.

Pero aquella reducción tenía límites: las lámparas desarrollan calor y requieren «guardar la distancia». Sólo la técnica de los semiconductores creó la base de una disminución mucho más radical: los componentes electrónicos se reunieron formando circuitos integrados con funciones muy determinadas, engastados en baquelita. Así pudo lograrse una densidad de 30 componentes por cm^3.

Hoy día no es ya problema integrar 1000 elementos en un cm^3 —y podrían llegar incluso a 100 000 de no ser que entonces la energía térmica se haría notar en exceso. Los aparatos electrónicos son cada vez menores y algunos podrían fabricarse en menor tamaño todavía de no ser que surgirían entonces dificultades en su manejo: los botones, teclas y conmutadores tienen que seguir siendo manejables.

La palabra mágica de la microminiaturización de los componentes y circuitos electrónicos es el «circuito integrado»: ya no se fabrican elementos individuales sino bloques de funcionamiento cuyas partes trabajan en correlación directa. La técnica parte de unas plaquitas delgadísimas de silicio, material-base de los semiconductores. La plaquita está donada de átomos extraños en todos los sitios en que deben surgir transistores o diodos. De modo similar se la puede dotar de resistencias y condensadores microscópicos. Incontables y complicados procesos de fotografía, corrosión, difusión y vaporización son necesarios para que puedan funcionar los microcircuitos y en ellos pueden trabajarse de una vez hasta 50 placas de silicio. Cada una de estas plaquillas, de un diámetro de unos 25 mm, incluye cientos de circuitos integrados.

Hoy día se alimenta ya la idea de reunir cientos y hasta miles de elementos en esos microcircuitos integrados. La brillante técnica de transformar determinadas partes de las plaquillas de silicio en elementos semiconductores, posiblemente algún día dejará paso al procedimiento de lograr los mismos efectos mediante la construcción de capas moleculares a base de pulverización al vacío. Los componentes gaseosos no se mezclarían hasta un momento antes de su sedimentación. Las proporciones de mezcla y el tipo de sedimentación tendrían la misión de procurar las propiedades eléctricas deseadas.

Pero los microtécnicos quieren ir todavía un paso más allá. En el proceso de vaporización podrían ionizarse los gases y ser manejados por campos eléctricos o magnéticos. Este control, del que dependería la mezcla del material, la sucesión y espesor de las capas, podría efectuarse por un computador. Esto quiere decir que: en un tiempo predecible se le podrán «confiar» a una aparato electrónico las propiedades eléctricas que se deseen y él se encargará de producir unidades de funcionamiento del mismo modo que se producen hoy las impresiones a varios colores.

El microcircuito o chip tiene que ser dotado de conexiones a dimensiones «normales» a fin de que trabaje dentro del conjunto de un aparato electrónico, a menos que los demás elementos también estén microminiaturizados. Izq.: Desde el chip del centro de la foto conectan hilos delgadísimos con los muelles de contacto. Las soldaduras se hacen bajo microscopio. El chip con todo su circuito se incorpora a un circuito superior en forma de grupo de elementos y es susceptible de recambio.

También es una fuerza electrónica el magnetismo que actúa en muchos aparatos electrónicos

Las fuerzas magnéticas se conocen ya desde hace 2500 años. Un imán era entonces un trozo de mineral de hierro de la ciudad de Magnesia (Asia Menor), de ahí el nombre de magnetita. Atraía piezas pequeñas de hierro y las sujetaba con fuerza. La primera aplicación práctica tuvo lugar cuando se conoció en Europa la brújula inventada por los chinos. Fue a principios de la edad media. Con la magnetita se podía imantar la aguja de la brújula, que señalaba entonces el norte, polo magnético de la Tierra.

Fue el profesor de física danés Hans Christian Oersted quien descubrió casualmente en 1820 que una corriente eléctrica al pasar por un alambre forma también un campo magnético, cuando al hacer experimentos acercó un cable con corriente a la aguja de una brújula. Oersted se dio cuenta también de que tenía que tratarse de un mismo magnetismo, tanto en el caso del imán como en el del conductor.

Unos años después, el francés André Marie Ampère afirmó que había que atribuir el magnetismo al efecto de corrientes circulares de átomos. Dejó pendiente la prueba de ello —prueba que logró muchos años después Albert Einstein. Hoy se parte de que los electrones que circulan en torno al núcleo del átomo, generan el campo magnético, por así decirlo, de dos maneras: una por su movimiento en torno al núcleo, la otra por su rotación en torno al propio eje (spin). Ambas fuerzas en conjunción producen el «dipolo magnético»: de acuerdo con la disposición de estos «imanes elementales» se originan diferentes efectos magnéticos.

El magnetismo siempre es, por lo tanto, la consecuencia del movimiento de cargas eléctricas. Los metales férridos (hierro, cobalto, níquel), así como determinadas aleaciones y mezclas de materiales cerámicos y óxidos de hierro que hoy se producen «a la medida» (ver pág. 110) pueden magnetizarse con bastante facilidad y con carácter relativamente permanente. Todos estos cuerpos magnéticos desempeñan un papel neurálgico, tanto en la construcción de motores y máquinas como en la informática.

Imanes permanentes de materiales ferromagnéticos se utilizan, p. ej., como núcleos magnéticos de los altavoces, como ancla de las máquinas eléctricas o como instrumentos para la polarización del rayo electrónico en los tubos de TV. En cambio, los materiales diamagnéticos están especialmente indicados en los trans-

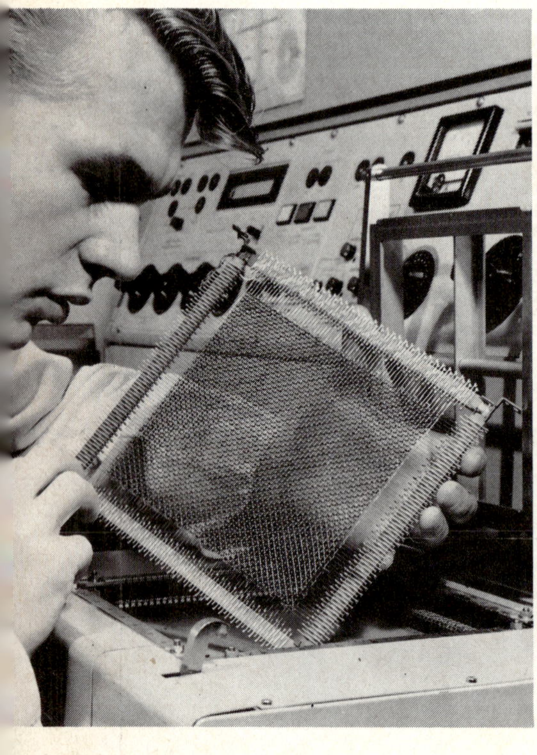

Las «memorias dinámicas» mantienen por así decirlo «disponibles» una cantidad de datos limitada. Trabajan a base de espirales de alambre (hilos de torsión) y transformadores magnetostrictivos que generan ultrasonidos. Se emplean mucho en la electrónica moderna las memorias dinámicas de este tipo, p. ej., para almacenar las tarifas de las llamadas telefónicas a larga distancia o para calcular los recorridos de algunas maquinarias de fábricas.

Los elementos anulares del almacenador de núcleos de ferrita (fotos de la izq.) tienen un diámetro como de un milímetro. Forman la «memoria» del ordenador electrónico. Un computador mediano necesita hasta 400 000. Se componen de un material diamagnético.
Los almacenadores de capa delgada (dcha.) trabajan con menores tiempos de disposición.

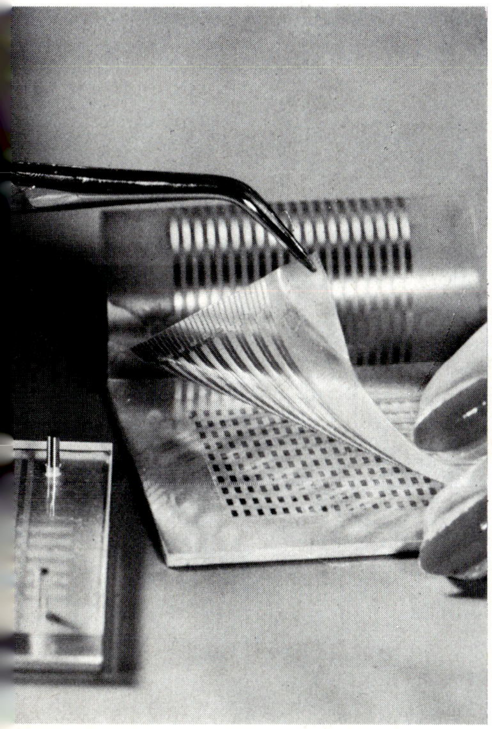

formadores (aleación de hierro y silicio) y ciertos aparatos electrónicos (ferrita de óxidos metálicos.

En la evaluación de los imanes hay sobre todo dos magnitudes decisivas: su propiedad de condensar las líneas de fuerza magnética (permeabilidad) y su capacidad de conservar el magnetismo que se les ha transmitido (fuerza coercitiva). Los imanes «blandos» se caracterizan por una alta permeabilidad y una fuerza coercitiva baja, ocurriendo lo contrario en los imanes permanentes.

Hoy día se emplean grandes cantidades de materiales magnéticos en los almacenadores electrónicos. Los impulsos de corriente de las grabaciones de sonido o de las imágenes de TV pueden conservarse por medio de bandas magnéticas. Los computadores trabajan con almacenes magnéticos de tipos muy diferentes (ver pág. 168) en forma de cinta, tambor o estratos.

14

La toma del poder de los computadores

Las máquinas clásicas operaban con la energía, que producían o almacenaban, con la que trabajaban y que transformaban. Le ahorraban al hombre trabajo técnico. Los computadores, en cambio, operan con un reducidísimo consumo de energía. Trabajan a base de informaciones: números y datos. También le ahorran trabajo al hombre. Pero en este caso se trata de trabajo mental. Como el pensamiento matemático constituye un considerable factor de poder, los ordenadores ejercen poder. Su advenimiento al mismo ha tenido lugar en los últimos 20 años. Foto: Un centro de cálculo.

El computador ha tenido dos padrinos: una ciencia matemática muy avanzada y el conocimiento de los componentes electrónicos

El francés Blas Pascal construyó la primera máquina calculadora en el siglo XVII. Su mecanismo (izq.) permitía hacer sumas y restas. Después de Pascal, Leibniz construyó una máquina capaz de multiplicar y dividir.

Hermann Hollerith fue el primero en almacenar los datos de entrada y salida de las calculadoras mediante tarjetas perforadas. Se utilizaban contadores (abajo) para evaluar los datos almacenados. Las tarjetas perforadas se emplean todavía en los modernos computadores.

La primera demanda de calculadoras tuvo lugar cuando las matemáticas empezaron a complicarse. El científico francés Blas Pascal construyó en 1640 un mecanismo con el que se podía sumar y restar. Cincuenta años más tarde Gottfried Leibniz, a cuyos estudios perteneció también el cálculo infinitesimal, construyó una máquina capaz también de multiplicar y dividir. En cambio fracasó su intento de hacer una «máquina pensante» alimentada con números y símbolos y que debía discurrir acerca del curso del tiempo.

Las primeras consideraciones concretas para la construcción de una máquina capaz de descomponer en pequeños pasos operaciones grandes de cálculo y de llevarlas a cabo sin intervención humana fueron obra del matemático inglés Charles Babbage, hace casi 150 años. Su «analytical engine» (máquina analítica) presentaba ya los distintivos de la moderna técnica computadora: entrada y salida de datos en tiras de papel perforado, grupos de funcionamiento para el almacenamiento, manejo y operaciones de cálculo. Babbage había comprendido que se iban a necesitar capacidades de almacenamiento muy grandes y que los pasos individuales de cálculo iban a depender necesariamente de los resultados intermedios (ramificación del programa según resultados). Sólo le faltó una técnica capaz de realizar sus ideas y la cosa se quedó en unas consideraciones teóricas —aunque muy sólidas.

Sesenta años después, el ingeniero germanoamericano Hermann Hollerith estudió las geniales ideas de Babbage y desarrolló la técnica de las tarjetas perforadas o sistema Hollerith, empleada aun hoy día en la presentación de datos y programas de computación. Para las operaciones de cálculo técnicas y matemáticas, la tarjeta perforada no demostró a la larga muchas posibilidades. Era muy latosa su programación e incluso muy limitada. En cambio, la técnica de las tarjetas perforadas desempeñó enseguida un gran papel en la administración. Su prueba de fuego tuvo lugar ya en 1890 al completar con éxito el proceso de cálculo estadístico del censo nacional de los EUA.

El primer calculador electrónico fue el ENIAC, construido en los Estados Unidos. Con sus 50 000 tubos ocupaba una sala entera. Su velocidad de funcionamiento era 2000 veces mayor que la de las calculadoras construidas hasta entonces a base de dispositivos remisores electromecánicos.

Las primeras «auténticas» calculadoras, cuyo trabajo aún no era electrónico sino electromecánico, basado en el sistema de relés de la técnica telefónica, aparecieron al principio de los años cuarenta, casi al mismo tiempo en los EUA (calculadoras de relés de Stibitz, Mark I y ASCC de Aiken) y Alemania (Z 3 con números binarios de Zuse). La técnica de relés adolecía con todo de gran pérdida de tiempo (un segundo por cada operación simple de cálculo) y escasa capacidad de almacenamiento (Mark I: 72 unidades de memoria).

Esto progresó ya mucho en la primera computadora a tubos, la ENIAC de los americanos Mauchly y Eckert. Aquel coloso de la computación con sus 15 m de largo, 9 de ancho y tres y medio de alto, contenía 50 000 lámparas, consumía 100 kW y llevaba a cabo operaciones sencillas en pocas milésimas de segundo. Trabajó sobre todo en el cálculo de fórmulas para la balística y la física atómica y predijo ya con precisión el resultado de las elecciones presidenciales de 1952 en los EUA. Los tubos constituían su mayor desventaja. Al fundirse uno de ellos como promedio cada dos minutos y traducirse ello en la paralización momentánea de toda la instalación, era escasa la seguridad de su funcionamiento.

En el ENIAC el programa de cálculo se alimentaba todavía a base de tablas. La idea de alojarlo en una memoria de la misma máquina fue del americano J. von Neumann en el año 1946, quien sugirió también métodos para la conversión de órdenes mediante el computador. Pero los computadores no hallaron gran difusión hasta que los transistores, con su seguro funcionamiento, no relevaron los tubos y las lentas memorias de tambor magnético no dieron paso a las rápidas memorias de ferrita (ver pág. 168).

Los autómatas de la computación en su «tercera generación» trabajan con circuitos integrados y memorias de láminas magnéticas que irán desplazando paulatinamente las memorias centrales de núcleo.

Los tiempos de cómputo se miden hoy día por milmillonésimas de segundo (nanosegundos). En un segundo se pueden realizar 16,6 millones de operaciones.

Los computadores no saben contar hasta tres. Pero están superdotados para el cálculo rápido

Mediante «campos de programación» intercambiables pueden determinarse las operaciones que puede efectuar un computador. Clavijas de conexión determinan los distintos pasos de computación (abajo). Su ordenamiento exije un trabajo mental concentrado similar al del juego de ajedrez.

Los computadores de hoy día están concebidos como calculadores —se les ha llamado «idiotas superdotados para las matemáticas». Pueden llevar a cabo concatenaciones lógicas con tal que se les programe adecuadamente. En ese sentido verifican también un «trabajo intelectual». Pero no podemos considerarlas «máquinas pensantes» desde el momento en que no tienen la capacidad de enlazar entre sí «libremente» los resultados de los procesos intelectivos: no saben establecer asociaciones y por lo mismo, carecen de fantasía —no tienen «dotes creadoras». Cierto es que nadie se las exigiría. Esto no quiere decir que no pueda haber algún día computadores «asociadores». Con toda seguridad no faltan las posibilidades técnicas para ello.

¿Qué son pues los computadores? El diccionario los define como «máquina automática de tratamiento de la información, capaz de efectuar operaciones aritméticas y lógicas, que funciona bajo el control de un programa previamente registrado». Como esas informaciones reciben el nombre de «datos», se puede hablar sencillamente de una instalación de proceso de datos. O puede expresarse uno técnicamente y decir: los computadores son calculadoras que trabajan a base de circuitos electrónicos.

Un computador no sabe contar hasta tres. Es incapaz de digerir nuestro complicado sistema decimal. Se sirve del sistema dual o binario, a base de dos números, el uno y el cero —expresado en el idioma de la máquina: *out* (sin corriente) y *on* (pasa la corriente). Los números decimales (al igual que todas las letras y demás datos importantes para el computador) han de traducirse previamente a números binarios. Lo hace el computador mismo; elabora las informaciones que recibe mediante distintos sistemas de alimentación (tarjeta o cinta perforada, cinta o tambor magnético) y las traduce en cifras duales.

Cada cifra binaria o dual constituye para el computador una «unidad informati-

va», denominada en el idioma técnico «bit» (del inglés «binary digit» —cifra binaria). Se calcula en bits, p. ej., la capacidad de almacenamiento de los computadores o la de transmisión de las líneas de transmisión de datos a larga distancia. En la práctica los bits se hallan centralizados en células almacenadoras (bites). Cada una de las cuales es capaz de recibir 256 signos diferentes. El lugar de localización de una información almacenada —determinado por línea y columna en el entramado de la celdilla almacenadora— se denomina también su «dirección».

Los computadores se componen siempre de varias unidades de funcionamiento con funciones totalmente distintas. Esas unidades suelen estar construidas de tal modo que se las puede combinar a la manera de piezas de armar —de acuerdo con las necesidades especiales del que va a utilizarlas. Las partes más importantes de un ordenador funcionan por lo tanto en combinación (ver pág. 171):

Se alimenta con los datos a elaborar una unidad de entrada que informa también al computador de qué operaciones debe llevar a cabo. Los datos recibidos se acumulan en una memoria «interna» —el lugar y correlación respectiva es determinado por una unidad directora central que, mediante una calculadora, se encarga de la elaboración selectiva de los datos. En estas operaciones de cálculo suelen producirse informaciones acumuladas en un almacenador externo. El resultado del trabajo del computador se expresa a través de una unidad de salida que puede consistir p. ej., en una impresora rápida que imprime el resultado en un formulario sin fin. También puede consistir en una pantalla y es asimismo posible pasar el resultado a una cinta magnética.

Mediante líneas «telefónicas» pueden consultarse o complementarse también a larga distancia los datos almacenados en un ordenador. Esto es interesante, p. ej., en los sistemas de datos integrados que mantienen las líneas aéreas, ferrocarriles y agencias de viajes para acelerar el despacho de plazas. También los bancos, el correo, los grandes almacenes y empresas de fabricación con muchas filiales intercambian o elaboran gran cantidad de datos a base de un computador central. Los técnicos calculan que, dentro de pocos años, el volumen de este tráfico de datos supere al del de los teléfonos y télex.

Las velocidades de su transmisión dependen de la capacidad de conducción de las líneas. Las líneas telefónicas normales no son capaces de más de 5000 bits por segundo. En cambio, los sistemas de frecuencia portadora admiten un flujo de datos de hasta 48 000 bits por segundo y se experimenta actualmente en tramos especiales de mayor amplitud de onda hasta con un millón de bits por segundo. En el futuro próximo los computadores podrán comunicarse también directamente entre sí —sistema que presupone altísimas velocidades de transmisión.

Las tarjetas (arriba) y cintas (arriba dcha.) perforadas siguen siendo los más importantes portadores mecánicos de datos. Pueden emplearse tanto para alimentar datos en el computador como para su almacenamiento material o el transporte de los datos de salida.

Existen aparatos especiales para su perforación e «interpretación». En muchas instalaciones ordenadoras van ocupando su lugar grandes almacenadores en forma de tambores y cintas magnéticas.

Impresoras rápidas como ésta, construida por la Siemens, pueden imprimir en un minuto hasta 90 000 signos suministrados por el computador. Las dos cintas de papel se hallan adaptadas a dos impresoras y expresan datos de diferente significado.

Los almacenadores de microfilm no se destinan a los computadores. Acumulan informaciones impresas en un espacio ínfimo y con un acceso inmediato. Aparecen aquí listas para el servicio telefónico de información, muy amplificadas en una pantalla de lectura.

Las memorias del ordenador tienen que retener enorme cantidad de datos para su acceso inmediato

El almacenador del computador, llamado usualmente «memoria» (electrónica) tiene que retener millones de signos (datos) en un espacio minúsculo con seguridad máxima durante mucho tiempo y ser capaz de proporcionarlos sobre la marcha cuando se le piden. Asimismo tienen que ser posibles las correcciones en cualquier momento —los datos son a veces «mercancía peligrosa» que requiere correcciones o rectificaciones. En los computadores más usuales suele haber memorias de dos tipos: la memoria «interna», conectada permanentemente con el circuito de trabajo del aparato y la memoria «externa», de consulta complementaria.

La memoria interna tiene que estar adaptada a la velocidad de cálculo del computador, que oscila entre una y cinco millonésimas de segundo en los procesos simples de adición. Si la memoria tuviera un «tiempo de acceso» aun menor, no podría aprovecharse a veces la capacidad de cálculo del computador. Las memorias de ferrita más difundidas tienen tiempos de acceso de dos a diez millonésimas de segundo. Esto suele ser suficiente, porque el computador no sólo suma sino que también tiene que llevar a cabo a menudo operaciones de cálculo más complicadas y por lo mismo de mayor duración. Pero en las inacabables letanías de sumas puede que la calculadora tenga que esperar «alimentación».

Las memorias de ferrita se componen de diminutos anillos de material imantable (foto pág. 160), unidos por una tela metálica, compuesta de alambres escritores mediante los cuales pueden imantarse o desimantarse los núcleos de ferrita y de alambres lectores que, al ser consultados, dan los datos a base del estado magnético de los anillos. Este sistema permite un acceso rápido, debido a que la «dirección» de cada punto de almacena-

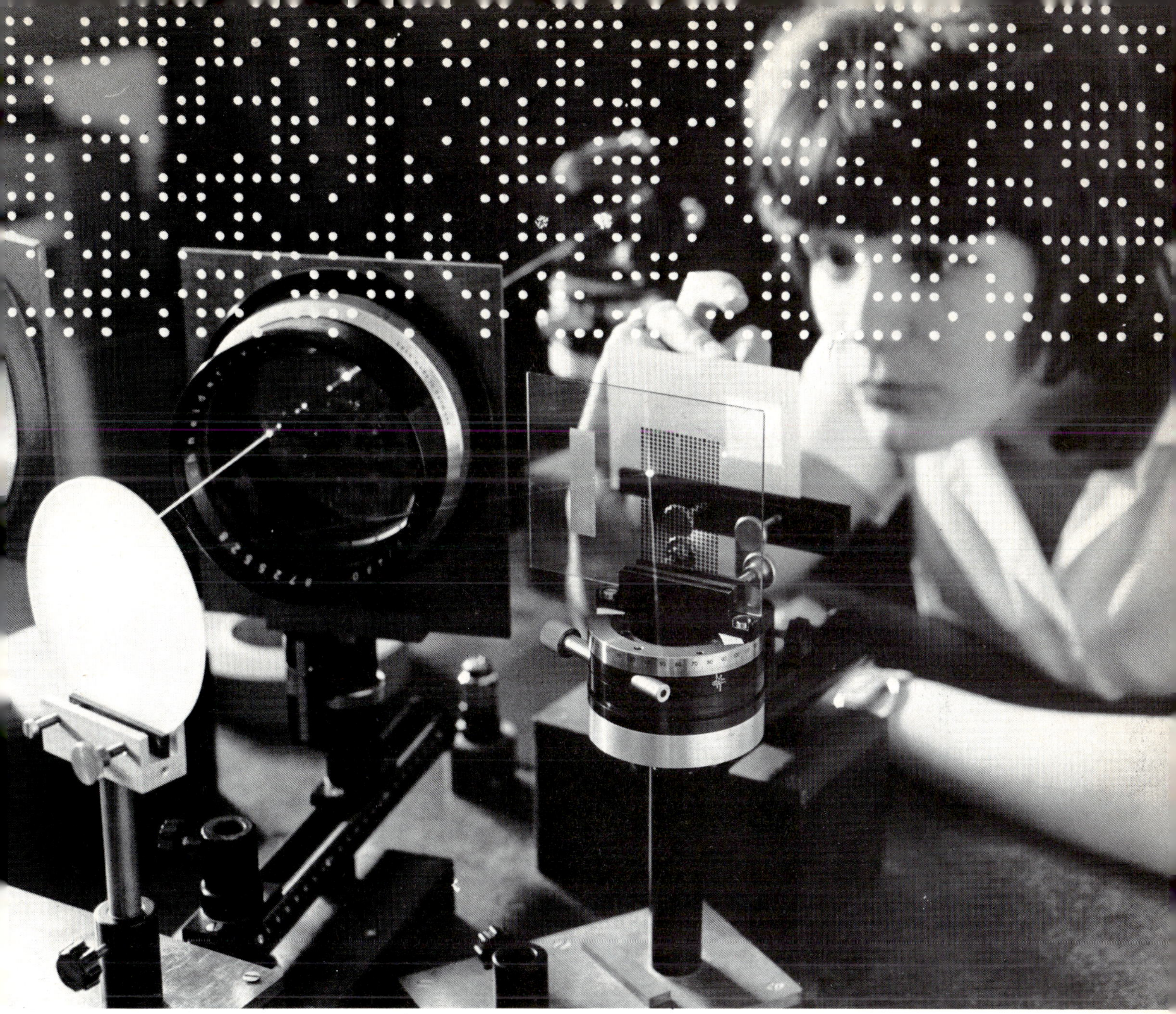

Nuevos métodos de almacenamiento óptico-electrónicos se encargarán de acumular todavía más informaciones que hasta ahora en un espacio mínimo. Arriba: Experimentos con una lámina almacenadora que se halla «atiborrada» de datos con un método holográfico a base del láser. 100 millones de unidades de información corresponden a una superficie de 9 × 12 cm. Abajo: Cintas magnéticas almacenan las instrucciones de trabajo («biblioteca de programación», «software») para las diferentes posibilidades de utilización del computador.

miento queda fijado claramente por su colocación en la rejilla metálica y no se requiere una localización.

Cantidades mayores de datos que las de las memorias de ferrita pueden conservarse en los tambores, discos y cintas magnéticas, que trabajan de un modo similar al de las cintas magnéticas normales. Sus tiempos de acceso son mayores —hay que localizar primero el lugar de la memoria en que se halla la información. Por esta razón se les suele utilizar como «memorias externas». Cuando en el circuito de trabajo de un computador se necesitan datos de un alimentador externo, la unidad directora se encarga de localizarlos a través de la memoria interna.

Existen además memorias para misiones especiales, p. ej., los almacenadores de energía, encargados de «mantener» durante algún tiempo las cargas u oscilaciones eléctricas.

Para el trato con los computadores hay «lenguajes de órdenes»

En las grandes empresas desempeñan los computadores principalmente tareas de tipo administrativo, p. ej., contabilidad o estadística. Están muy indicados para ello porque pueden elaborar en poquísimo tiempo cantidades enormes de áridas cifras. Sin embargo, intervienen también cada vez más en los procesos de producción a base de sistemas de mando programados. La misión del hombre consiste aquí en encargarse de la confección de los programas, controlar su funcionamiento y emplear el ordenador de modo racional.

Quien quiera tratar con computadores, tendrá que dominar la especialidad de la «lógica matemática», que proviene de Leibniz y además el «lenguaje propio» del autómata en cuestión. La lógica matemática indica el modo de desmenuzar una materia en «pasos» pequeñísimos. De estos pasos se forman las órdenes de dirección.

Hemos hablado antes de que los ordenadores actuales trabajan con el sistema binario o dual, capaz de expresar todos los datos a base de dos elementos reales, o sea la «corriente» y la «ausencia de corriente». Para los procesos de cálculo propiamente dichos hay que añadir tres posibilidades de conmutación primordiales, a cargo de determinados elementos de conexión (generalmente microcircuitos con transistores de conmutación). Estas tres posibilidades de conmutación, suficientes para el funcionamiento, son «y», «o» y «no». De su combinación salen todas las operaciones elementales del computador programado. En procesos de cálculo más complicados pueden formarse grandes filas de órdenes individuales a base de estas sobrias conmutaciones elementales. El conjunto de órdenes recibe el nombre de programa.

Las modernas instalaciones elaboradoras de datos trabajan casi sin excepción según un mismo principio básico, cuyo esquema representamos aquí. Los datos de entrada son elaborados por la unidad de proceso en conexión con la unidad de dirección y las memorias internas y externa. Se dispone de aparatos especiales para la salida de los resultados. Este esquema general puede variar según el cometido respectivo. Los grandes almacenes necesitan, p. ej., combinaciones distintas de las de correos. Lo principal es la cantidad de datos y la precisión de los resultados.

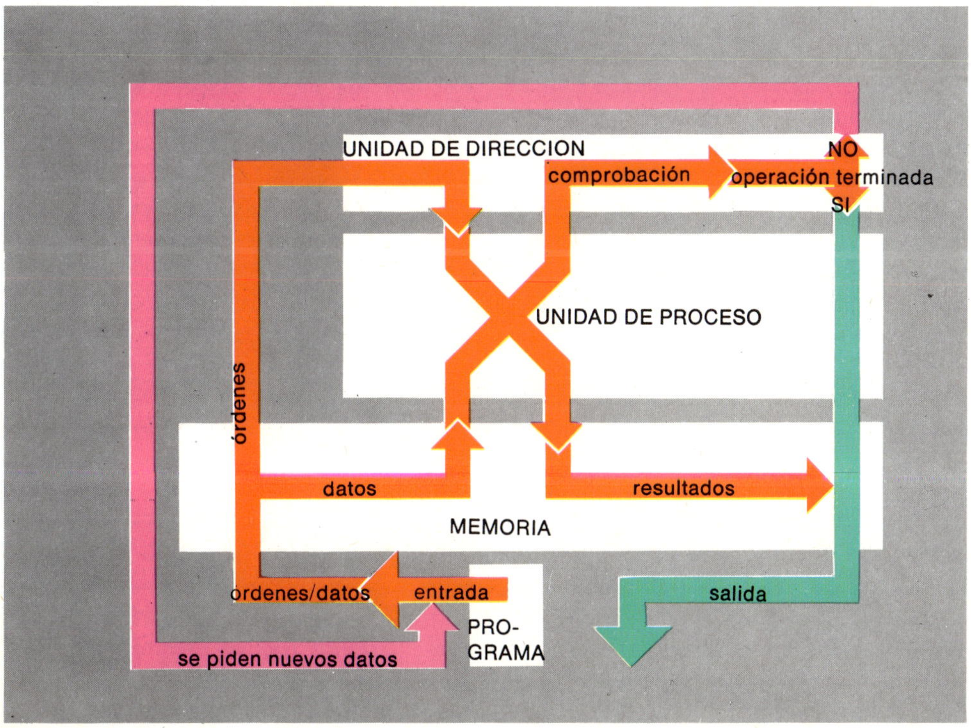

Normalmente no es necesario prescribirle al conmutador cada paso individual. Basta con informarle acerca de complejos de conmutación enteros y su orden de sucesión —siempre y cuando esté programado para esas relaciones de conmutación. Juntamente con la orden de conmutación hay que informar al conmutador del lugar de la memoria (dirección) en que se pueden hallar los datos a elaborar y también, naturalmente, de lo que hay que hacer con el resultado obtenido (p. ej., almacenarlo para su elaboración ulterior, pasarlo a la unidad de salida, etc.). El programador tiene que fijarse también en no prescribir por olvido la ocupación de una célula de memoria que esté ya «ocupada». Su programa tendrá que estar ajustado hasta en el menor detalle. La programación de procesos de trabajo complicados constituye por lo mismo un procedimiento tedioso y minucioso y puede requerir años. Como vemos, no basta con el computador o «hardware». Sólo puede trabajar en combinación con la correspondiente programación o «software». Los fabricantes de ordenadores preparan consecuentemente programas listos para complejos de cálculo, en forma de software, referentes a las actividades más generales y cotidianas del conmutador.

Lo ideal sería que el programador pudiera «hablar» con todos los tipos de conmutador en un mismo lenguaje. Pero esto ocurre en un término muy limitado. Hay lenguajes de programación propios de un sistema y en sí muy versátiles que sirven únicamente para determinado tipo de máquina. Hay también lenguajes de programación orientados en torno a un problema y adecuados para todo tipo de máquinas, pero que sólo sirven para determinadas áreas de trabajo.

En el lenguaje propio de un sistema trabajan los programadores con determinados símbolos o abreviaturas correspondientes a las diferentes actividades del computador. «TEP 201» significa p. ej.: lleva el contenido de la célula almacenadora 201 al almacenador de trabajo. «GMN 316» significa: multiplica el contenido de la memoria de trabajo por el contenido de la célula 316. El ordenador no elabora directamente el lenguaje simbólico, sino que lo transforma en órdenes mecánicas en un «traductor» denominado «assembler».

Los lenguajes orientados en torno a problemas fueron desarrollados para una serie de fines especiales: el ALGOL se refiere a tareas matemáticas, FORTRAN se dedica a fines científicos y COBOL resuelve problemas de programación en toda la esfera comercial.

Computadores diseñan computadores. ¿Hacen la competencia a nuestro cerebro?

Los computadores tienen algo de misterioso para el lego. Los de tipo mediano practican ya sin dificultad medio millón de sumas por segundo, buscan en fracciones de milésimas de segundo informaciones en sus memorias, establecen comparaciones y toman decisiones lógicas. Calculan en pocos minutos problemas que los científicos tardarían años en resolver, supervisan los problemas de plazas de líneas aéreas a escala mundial y se encargan de planear los movimientos de los vagones cisterna de las compañías petroleras.

Pero los computadores saben hacer aún más cosas. Regulan la distribución de carga de grandes redes eléctricas muy ramificadas, dirigen laminadoras y calculan las construcciones de puentes con la misma seguridad con que resuelven los cálculos más complicados de un gran banco o valoran análisis químicos. Parece no haber límites para la labor de los computadores. Han logrado una importancia que sobrepasa con mucho los límites de la propia especialidad e incluye cada vez mayores campos de la ciencia, técnica y economía.

¿Hasta dónde se llegará? Se sabe hoy día de planes de extender el nivel del cálculo electrónico a ámbitos que caen ya dentro del pensamiento creador. Se habla de «inteligencia artificial», «solución de problemas generales» y «elaboración de informaciones programadas». Tras esas denominaciones se esconde el esfuerzo de hacer aún más funcionales los programas de computador con la ayuda de memorias asociativas, que estarían organizadas como el cerebro humano y serían capaces de establecer «relaciones transversales» entre los datos.

Mientras que en las memorias «convencionales» hay que buscar las informaciones según las direcciones de los lugares en que se han almacenado, las memorias asociativas crearían la posibilidad de localizar el contenido de la memoria por partes que, a su vez, podrían convertirse en puntos de partida para hallar otros conceptos relacionados.

¿Es pues una competencia para el cerebro? Los técnicos de la computación piensan fríamente. Según su convicción, la superioridad del cerebro humano es sólo cuestión de números de almacenadores y de células conmutadoras, o sea de fundamento cuantitativo: contiene el cerebro algunos miles de millones de neuronas, unidas entre sí por asociación. La cantidad no es ningún problema para la técnica, siempre que el gasto sea rentable. La calidad, en cambio, es cuestión de los componentes —se les puede disponer hoy día de tal modo que no tengan que temer la competencia de las células humanas.

Existen hoy ya ordenadores que diseñan, programan o controlan otros computadores. El próximo paso, todavía no realizado a escala considerable, sería la construcción de computadores «discentes» que, dentro de un cuadro de sistemas «adaptativos», se adaptasen a sus tareas, reuniesen valores experimentales, perfeccionasen su «conducta con respecto del medio» y supiesen valorar los conocimientos logrados de acuerdo con los métodos de la autoorganización.

Los problemas de este tipo todavía se hallan de momento muy lejos. Hoy día se trabaja sobre todo en perfeccionar el entendimiento con el computador y en extender su empleo a cada vez más tareas. Los primeros intentos con apara-

Los computadores «ven» y «tocan» a través de dispositivos de entrada como el aparato lector (abajo) o los aparatos alimentados con datos de la «memoria» (tambores y cintas magnéticas, tarjetas y cintas perforadas). También «hablan» a través de pantallas visualizadoras de datos (foto izq.) según el principio de la TV mediante impresoras rápidas.

Será posible una elaboración de datos aún más rápida cuando haya aparatos de lectura capaces de transmitir inmediatamente los números y letras a la memoria del computador. Abajo: Aparato identificador de signos con un carácter leído (izq.) y su transformación (dcha.) en la salida de símbolos del sistema de identificación.

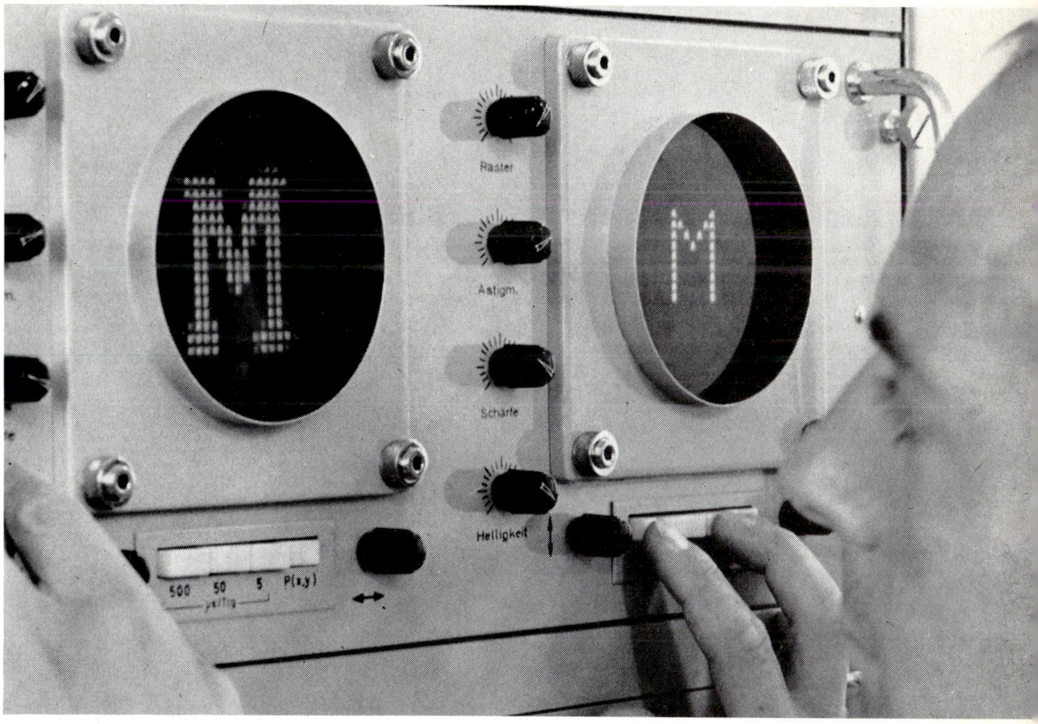

Cabezas magnéticas de escritura y lectura palpan los discos giratorios de un gran almacenador del tipo empleado por el servicio de comunicación por télex del correo alemán. Los discos giran sobre colchones de aire; pueden almacenar y proporcionar millones de datos.

tos lectores capaces de leer e «interpretar» la escritura normal han dado esperanzador resultado. En un tiempo predecible los computadores de correos podrán leer los números postales introducidos precisamente a este fin y seleccionar correspondientemente las cartas. Los bancos trabajan con números legibles a computador en sus cheques y giros. De estas técnicas a la legibilidad por computador de cualquier texto, hay en teoría sólo un pequeño paso. En la práctica se ha revelado ciertamente que los aparatos lectores son muy exigentes en materia de legibilidad. Por esta razón las fotocomponedoras electrónicas no son todavía autónomas. Hay que teclear a mano los manuscritos, sólo entonces se inicia la labor del computador incorporado. Este ya está hoy capacitado de todas maneras para observar los anchos de caja prescritos y para llevar a cabo la separación de sílabas según las reglas ortográficas.

15 La técnica de la medición ordena el automatizado mundo de las máquinas

En el principio de la civilización estuvo el arte de medir. El paso y el pie fueron las primeras medidas de longitud. La balanza tiene miles de años. El reloj se orientaba por la posición del sol. La ciencia se adueñó de las técnicas de medir en cuanto advirtió la importancia de la experimentación. Galileo exigía en el siglo XVII que había que «medir todo lo mensurable y tratar de hacer mensurable lo que aún no lo era». En nuestros días, sofisticadísimos métodos de medición constituyen el requisito previo de los complicados procesos de regulación y control y con ello de toda la automatización de la industria. Foto: Puestos de mando del control de mediciones.

La máxima precisión en materia de medición sólo puede lograrse con los instrumentos especiales de laboratorio

Los relojes atómicos sólo se atrasan o adelantan un segundo cada 100 000 años. La base de sus mediciones son las oscilaciones de los núcleos atómicos. Con relojes de este tipo se controla el «tiempo estándar». Dcha.: Reloj atómico de cesio.

Las agujas de los instrumentos eléctricos no pueden seguir en muchos casos el rápido cambio de los datos de medición. Las oscilaciones de todo tipo pueden vigilarse mejor mediante los oscilógrafos, de funcionamiento semejante al de una pantalla de televisión.

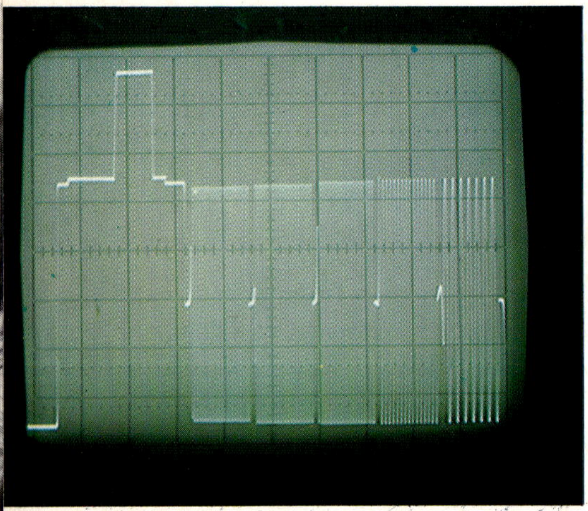

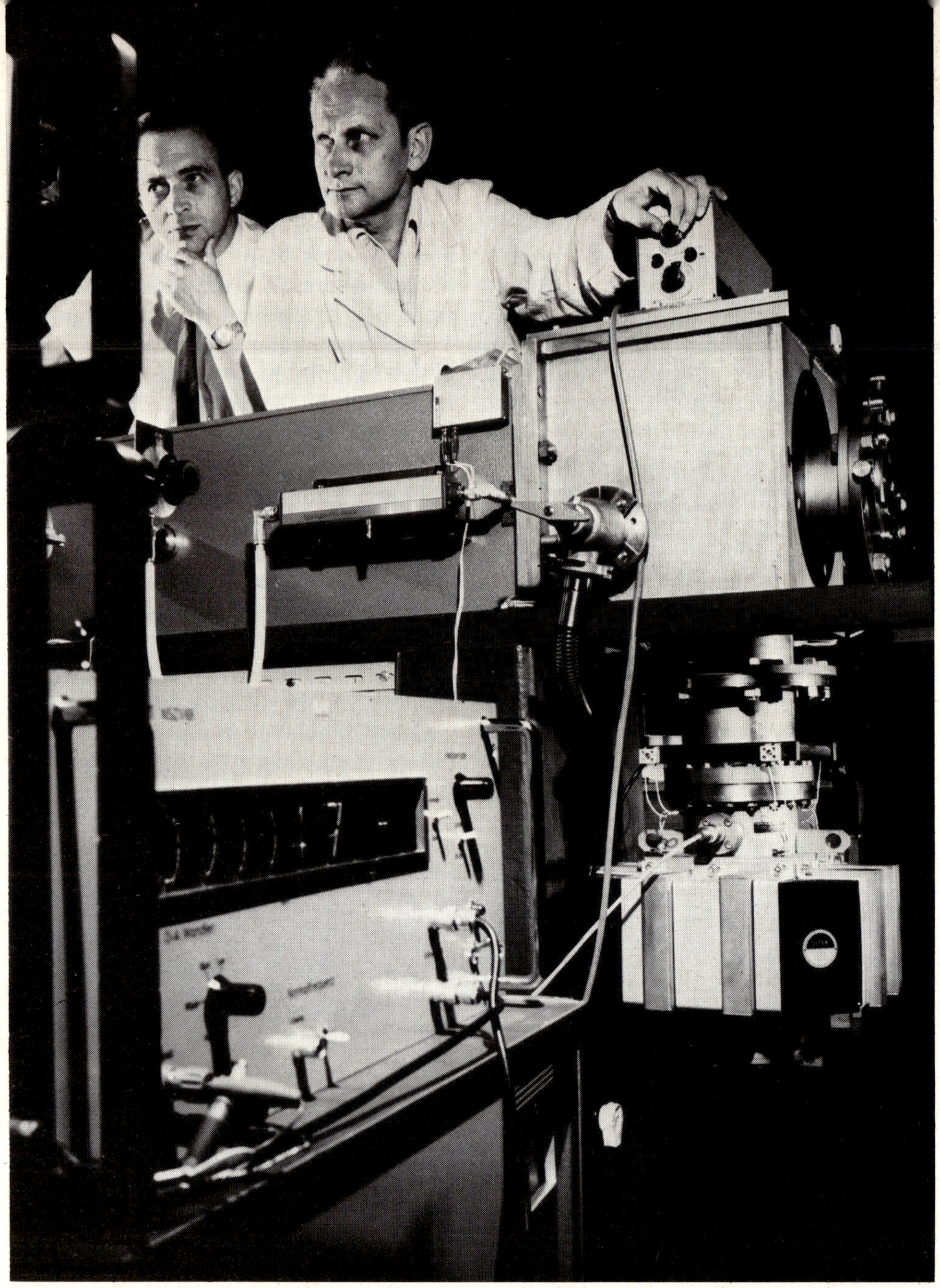

La mayoría de los aparatos medidores se desarrollaron inicialmente para su empleo en los laboratorios. Versiones simplificadas de los mismos conquistaron posteriormente la industria, cada día más dependiente, bajo la égida de la automatización, de mediciones seguras y, por lo regular, continuas. Muchos instrumentos de medición trabajan en circuitos reguladores y repercuten directamente en el proceso técnico de la industria, por lo que su carácter no es sólo de supervisión. Aclaremos la diferencia: un contador de agua o gas vigila y registra, pero no emite impulsos directores. En cambio, un termostato de calefacción puede insertarse en órdenes de funcionamiento del quemador de una válvula accionada a motor o de una bomba eléctrica de circulación.

Ni siquiera un especialista conoce en su totalidad los aparatos científicos de medición. En los últimos decenios han experimentado muchos perfeccionamientos y especializaciones. Hace mucho que los sentidos humanos no pueden captar ya las magnitudes determinadas por ellos. Sin los mismos no podría trabajar la investigación moderna.

Las básculas postales pesan por razones técnicas con un margen de inexactitud de un gramo. Las básculas de laboratorio permiten determinar exactamente diezmilésimas de gramo. Las ultrabásculas, por último, pueden pesar cantidades del orden de un gramo con una exactitud de una millonésima de gramo. En las básculas convencionales el efecto medidor se basa en la fuerza de gravedad —la aceleración de la Tierra. En las partículas microscópicas no alcanzan a generar un efecto mensurable. Esas partículas sólo pueden «pesarse» cargándolas eléctricamente y acelerándolas en un intenso campo eléctrico. Después puede medirse su número en un electrodo. Los instrumentos de este tipo se denominan espectrómetros de masa.

En la práctica mediante chispas de alta frecuencia o choque electrónico se generan iones de la prueba a analizar y se los acelera en un campo eléctrico de algunos miles de voltios. Cuando la corriente de iones entra en un campo magnético, todas las partículas de una misma masa se reúnen en un punto. En él se puede medir su intensidad.

De modo similar funciona otro medidor supersensible, el detector de huellas de ionización. Con su ayuda pueden comprobarse los componentes de una mezcla gaseosa. Basta con que el gas a medir constituya una diezmillonésima del volumen total. Las partículas de ese gas son ionizadas por la radiación de un preparado de radio. A la corriente iónica se añade entonces un gas diferente (gas de reacción) que establece con el gas a medir una especie de «matrimonio tem-

En la química de los plásticos se trabaja a menudo con altas presiones cuando se trata de formar macromoléculas y cadenas moleculares. Dispositivos de medición especiales (izq.) vigilan las presiones en una instalación de este ramo. De manera similar se toman continuamente mediciones de control en todas las ramas técnicas.

poral» al quedar en suspensión en él hasta la reacción (aerosol).

Un rayo láser sufre pequeñas desviaciones al atravesar zonas de diferentes temperaturas. También pueden observarse fenómenos de refracción similares en la luz normal, p. ej., al pasar del aire al agua o penetrar en capas de aire de diferente densidad (en el segundo caso podemos hallarnos ante un espejismo).

La desviación del rayo láser se utiliza prácticamente en la medición de temperaturas altísimas como las de los arcos voltaicos (varios miles de grados centígrados) o las de los plasmas (varios millones). Los termómetros convencionales no nos servirían de nada.

Las mediciones de tiempo más exactas se efectúan con relojes atómicos. Se emplea aquí como módulo la frecuencia de onda de determinados átomos (p. ej. de cesio o talio). Los relojes atómicos se atrasan o adelantan lo sumo un segundo en 100 000 años. Con su ayuda se pueden dirigir los relojes de cuarzo, comprobar modificaciones de la rotación de la Tierra, guiar barcos por los océanos o satélites por el espacio o incluso comprobar la teoría de la relatividad de Einstein —quien en su época puso a la cabeza el concepto de tiempo: los astronautas de una nave cósmica que avanzase a la velocidad de la luz, a su regreso a la Tierra no habrían envejecido nada aunque hubiesen transcurrido 100 años en el camino.

También se basa en procesos atómicos un sistema de medición de las fuerzas de los campos electromagnéticos. La magnitud base es el «spin», o sea la «onda de giro» del núcleo de hidrógeno bajo el efecto de un campo magnético. Con este aparato pueden medirse con una aproximación de 1 cienmilésima los campos de los grandes imanes que se emplean, p. ej., en las instalaciones experimentales de la física nuclear.

Aún se puede medir con mucha mayor precisión la radiación de un átomo o núcleo atómico: en el átomo con aproximación de una millonésima —en el núcleo, de una cienmilmillonésima. La base física es una diminuta desviación de frecuencia que tiene lugar gracias al denominado efecto Doppler.

Los rayos de radar son ondas de la gama de altas frecuencias. Sirven principalmente para la orientación y medida de distancias en la navegación por mar y aire. En la pantalla de radar los rayos reflejados proporcionan una imagen exacta del objeto enfocado.

Se puede medir rayos invisibles que son a su vez la base de sistemas de medición

Los sistemas de medición de rayos cobraron interés únicamente cuando el hombre ahondó sistemáticamente en los secretos de la materia. Desempeñan un papel en la investigación y también en el funcionamiento de las centrales nucleares, en el manejo de los isótopos así como en la investigación de los rayos cósmicos en la navegación espacial. Se trata en cualquier caso de comprobar los rayos ionizadores. Los métodos son diferentes pero se basan todos en dispositivos de medición en los que las partículas de materia ceden una parte de su energía, lo que permite su medición técnica.

Las partículas cargadas (como protones, rayos alfa y beta) influyen directamente en los dispositivos de medición. Las partículas sin carga (como los neutrones) no ejercen influencia directa, pero pasan a través de un material en el que movilizan otras partículas (p. ej., partículas alfa, protones, electrones), susceptibles de medición.

El aparato medidor más conocido para la medición eléctrica de la ionización es el contador Geiger (más exactamente: tubo contador de Geiger Müller) con el que puede comprobarse sin grandes problemas, aunque con no mucha exacti-

En las industrias que emplean sustancias radiactivas hay que vigilar incesantemente la intensidad de la radiación. Dcha.: Aparato medidor acoplado a una tubería. Abajo: La medición de la radiación es vital en las plantas nucleares. En la central de control numerosos medidores indican si todos los procesos de mando y regulación se desarrollan sin fallos y denuncian cualquier radiactividad indebida.

tud, la radiación de los isótopos radiactivos. Funciona como sigue: por la camisa que hace tierra (cátodo) de un tubo lleno de gas pasa un alambre (ánodo) con una tensión de unos 1000 voltios. El ánodo atrae los electrones (partículas beta) emitidos por la radiación. El golpe de corriente así originada se amplifica electrónicamente y se registra por un contador.

La trayectoria de una partícula cargada puede fijarse mediante placas fotográficas especiales o también con series enteras de placas. De ese modo se explora p. ej., la radiación cósmica. En cámaras de vapor o burbujas (grandes recipientes llenos de vapor sobresaturado o de líquidos supercalentados) dejan las partículas con carga huellas visibles en forma de líneas de condensación o series de burbujas de vapor, susceptibles de ser fotografiadas y evaluadas.

Al excitar determinados átomos con partículas alfa se producen diminutos centelleos (radioluminiscencia) cuando chocan con otros átomos y se les puede captar y transformar en choques eléctricos mensurables. Este método se llama de escintilación —por los centelleos mencionados.

Con estos y otros métodos de medición de la física atómica pueden investigarse también sustancias de las que sólo se dispone de unos pocos átomos, siendo posibles tanto las mediciones de identificación del origen químico como las de comprobación de las propiedades.

Los rayos no sólo se miden sino que pueden constituir también la base de los métodos de medición, como en el caso del radar: las ondas de la banda de UHF (frecuencia ultra alta) son reflejadas por los objetos con que topan. Por el tiempo de recorrido de las ondas puede calcularse la distancia del objeto.

Comunicaciones y órdenes a través de cientos de kilómetros: la técnica telemétrica y de mando a distancia

Los computadores pueden sustituir los libros de registro en todas las redes que trabajan con métodos de control y mando a distancia, porque registran todas las comunicaciones y órdenes con cronometración exacta.
Se encargan asimismo, en su papel de ordenadores, de la vigilancia y ejecución de todos los procesos de conmutación.

Estaciones automáticas ancladas en el océano (dcha.: una estación «Nomad») proporcionan datos al meteorólogo para predicciones del tiempo en gran escala. La energía necesaria para el funcionamiento es suministrada por ruedas de viento. Hay que registrar y evaluar por vía electrónica las comunicaciones respectivas.

Las redes de conducción de corriente, agua, gas y petróleo atraviesan la tierra entera. En sus «venas» han de reinar «condiciones de funcionamiento» muy determinadas para asegurar un buen abastecimiento. Hay que controlar continuamente la presión, velocidad de flujo, temperatura, carga y otros muchos datos, si ha de evitarse un colapso. Asimismo es necesaria no sólo la rápida identificación sino también la exacta localización de averías tales como la ruptura de un oleoducto. Además del control se efectúa también el mando a distancia. La central tiene que estar siempre perfectamente informada del estado de toda la línea y tiene que estar también siempre en condiciones de controlarla a base de las órdenes pertinentes.
Para la transmisión de las comunicaciones por una parte y de las órdenes por la otra se creó la técnica de la telemetría y del control a distancia. Se basa en tres elementos. Las instalaciones a vigilar están dotadas de aparatos de medición que informan continuamente de su funcionamiento y de dispositivos de maniobra que permiten modificar las circunstancias respectivas (mayor flujo, menor presión, conexión y desconexión, etc.). En la central supervisora se concentran los instrumentos de control y mando a distancia; a menudo de distintas instalaciones que pueden estar separadas entre sí centenares de km. El tercer elemento es, por último, un sistema de transmisión capaz de permitir un tráfico de datos independiente entre la central y la subestación o subestaciones a través

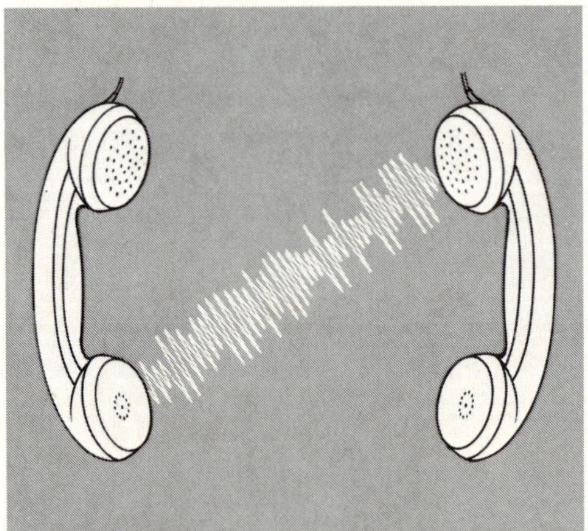

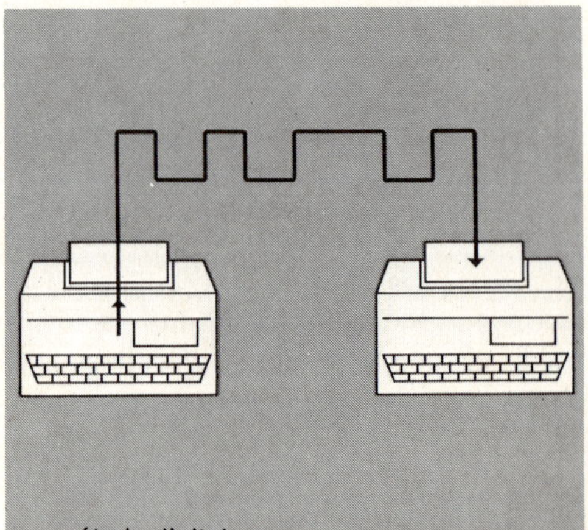

Métodos de transmisión de noticias: en el método análogo (izq.) se emite la información mediante superposición de oscilaciones senoidales (oscilaciones de corriente de curso análogo) de un modo similar al empleado en teléfonos. En el método digital, (télex, transmisión de datos por computador, etc.) la información se compone, en cambio, de una serie de impulsos electrónicos de distinta longitud y secuencia. El receptor traduce en datos los grupos de impulsos. El método digital es mucho más funcional que el análogo.

generalmente de dos canales (de ida y vuelta). Por esa razón no pueden utilizarse las redes de comunicaciones públicas.

El ejemplo clásico de las posibilidades de la técnica de control y mando a distancia es la unión nacional e internacional de las compañías eléctricas. Desde unos pocos puestos de distribución de carga se vigila constantemente toda la red incluyendo centrales, transformadores y conmutadores, ajustándola en cada momento, mediante órdenes de conmutación, a las necesidades del consumo de corriente, sujeto a oscilaciones. Los datos de medición y mando se transmiten mediante un código telegráfico a prueba de errores —unas comunicaciones mutiladas pueden tener consecuencias desastrosas: cada impulso regresa automáticamente a la emisora y es sometido a control. Si el resultado de éste es negativo, la emisora repite el impulso hasta que se acusa una recepción impecable del mismo.

Las instalaciones de mando a distancia pueden acoplarse a instalaciones electrónicas de elaboración de datos. Las memorias electrónicas registran especificando el tiempo todas las comunicaciones y conmutaciones, lo que permite reconstruir siempre las circunstancias e intervenciones habidas en la red. Algunos procesos parciales pueden automatizarse mediante la electrónica. Procesadores acoplados toman decisiones cruciales en beneficio de la red mucho más aprisa que el hombre. Instalaciones de este tipo se han encargado ya en estos últimos años de que las salas de turbinas de las centrales estén casi vacías de seres humanos, de que las estaciones de conmutación y transformación trabajen sin personal y de que los depósitos de reserva puedan manejarse desde lejos.

La técnica de la regulación, hija de la técnica de la medición, es la base de todo proceso automatizado. También en el hombre hay procesos reguladores

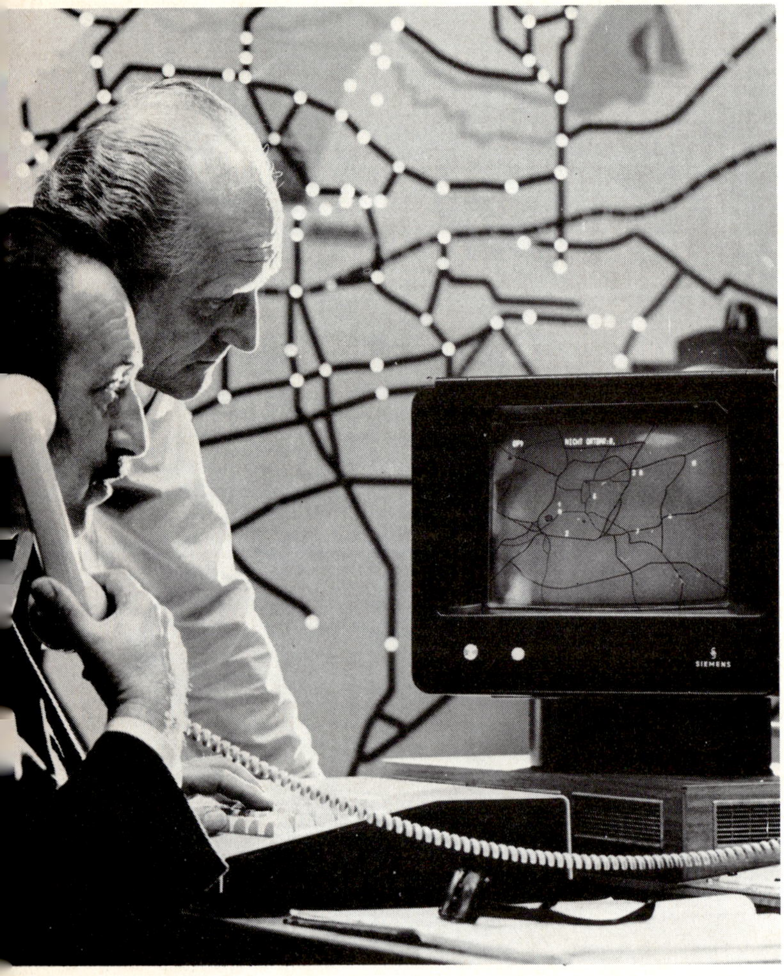

En el tráfico de las grandes urbes se utilizan computadores para ayudar a resolver la marea creciente de problemas de circulación. Proporcionan los datos necesarios señaladores instalados en todas las intersecciones importantes.
Arriba: Central de mando del tráfico. — El láser puede emplearse también para mediciones y mando a distancia.
Abajo: Modelo de camión a control remoto por láser.

¿En qué consiste esa regulación de determinados procesos técnicos o incluso biológicos, de que tanto se habla? Supongamos que el termómetro de la vivienda marca 24 °C —demasiada temperatura, hay que reducirla. Cerramos pues la válvula de paso de la calefacción. Esta maniobra se denomina proceso regulador, efectuado a voluntad. Pero si la temperatura desciende en exceso, hay que abrir de nuevo la válvula —otro proceso regulador.

Los sistemas de calefacción modernos ahorran al propietario de la vivienda ese trabajo regulador —p. ej., se ajusta un termostato en la casa a la temperatura deseada. Si ésta desciende demasiado, se establece un contacto que activa en el calentador un dispositivo de arranque: la bomba de circulación se pone en marcha y mueve agua caliente en todo el circuito hasta alcanzar la temperatura señalada en el termostato. Entonces se abre el contacto del termostato y se detiene la bomba. En cuanto vuelva a descender la temperatura, volverá a entrar en circulación el agua caliente.

En este caso hablamos de un circuito regulado; mejor dicho, de un «circuito regulado cerrado con acoplamiento de reacción». Cerrado, porque no requiere intervención humana alguna. Con acoplamiento de reacción porque la modificación circunstancial (elevación de la temperatura) producida por el termostato, se encarga de por sí de la ulterior desconexión del bombeado productor de dicha modificación térmica. En vez de acoplamiento de reacción se puede decir también acoplamiento regenerativo, o en lenguaje de ordenador hablar de un «feed-back».

Las diferentes estaciones y funciones de un circuito regulado se describen mediante expresiones especializadas. En el caso de la calefacción la temperatura de la vivienda es la magnitud reguladora. El termostato es el regulador; mide el valor real de la temperatura y lo compara con el valor ideal. Si hay una diferencia, p. ej., por irrupción de una corriente fría (magnitud alteradora), emite una orden a la bomba (pasa una orden al mecanismo de ajuste). Este último rectifica la magnitud reguladora alterada.

Los aparatos voladores a control remoto tienen gran importancia en la técnica bélica. Cohetes de todo tipo son dirigidos hasta su objetivo mediante complicados aparatos de medición, regulación y mando. Izq.: Avión experimental a control remoto. No lleva tripulación y se le guía por radio desde el suelo.

También en la biología existen circuitos regulados similares. El cerebro (regulador) se encarga, mediante órdenes dadas al aparato de sudoración (miembro de ajuste) de la refrigeración del cuerpo cuando las células sensoriales acusan aumento de la temperatura interior o exterior (magnitudes alteradoras).

El caso de la calefacción es muy sencillo. En la práctica existen construcciones mucho más complicadas con varias magnitudes de influencia que es preciso ajustar. En el circuito de calefacción descrito podría incorporarse además un termostato exterior. El termostato interior se encargaría entonces de comparar primero las temperaturas interior y exterior y de dar las órdenes correspondientes. Sería además posible incorporar una válvula de mezcla que estaría encargada de que la temperatura del agua circulante correspondiese exactamente a la calefacción requerida. La abertura y cierre de esa válvula tendría lugar escalonadamente. Por último podría acoplarse todavía un regulador intermedio que, según la estación del año, produciría un calentamiento muy determinado incluyendo un descenso nocturno, etc.

En un simple circuito regulador sin dispositivos adicionales de computación electrónicos sería imposible controlar ya esa serie de reacciones correlativas. De un modo similar ocurre en las instalaciones reguladoras de la industria: cuanto más complejo su cometido, más difícil es la instalación de su regulación. Por esa razón, los circuitos reguladores interrelacionados e interdependientes requieren dispositivos propios de reglaje, vigilancia y mando.

En tal caso pueden presentarse complicadas correlaciones matemáticas según intervengan una o más magnitudes regulables y se trate de magnitudes equiparables o bien prevalezca una de ellas. Puede producirse asimismo una influencia perjudicial de un circuito en otro. La causa suele ser la transmisión de una señal a través de líneas comunes.

Por esta razón hay sistemas de regulación enteros con numerosas funciones parciales controlados totalmente por ordenadores que pueden ser «alimentados» de tal modo que se «autorregulen».

16

El progreso técnico en la medicina

Conservar la vida, diagnosticar y curar las enfermedades – las misiones de la medicina no han cambiado desde que los primeros curanderos intentaron averiguar las leyes del proceso biológico e intervenir favorablemente en caso de trastornos. Cierto es que el médico de hoy dispone de medios terapéuticos más eficaces y adecuados que todos sus predecesores. Los debe en gran parte a la técnica médica en colaboración con la mayoría de las demás disciplinas. Los rayos X y el marcapasos, el electrocardiograma y la medicina nuclear, las técnicas de irradiación y la endoscopia han revolucionado fundamentalmente los métodos de diagnóstico y terapia. Controlan las operaciones, aparatos electrónicos de medida y regulación. En las salas de cuidado intensivo (foto) vigilan los enfermos graves: la técnica en la medicina de hoy.

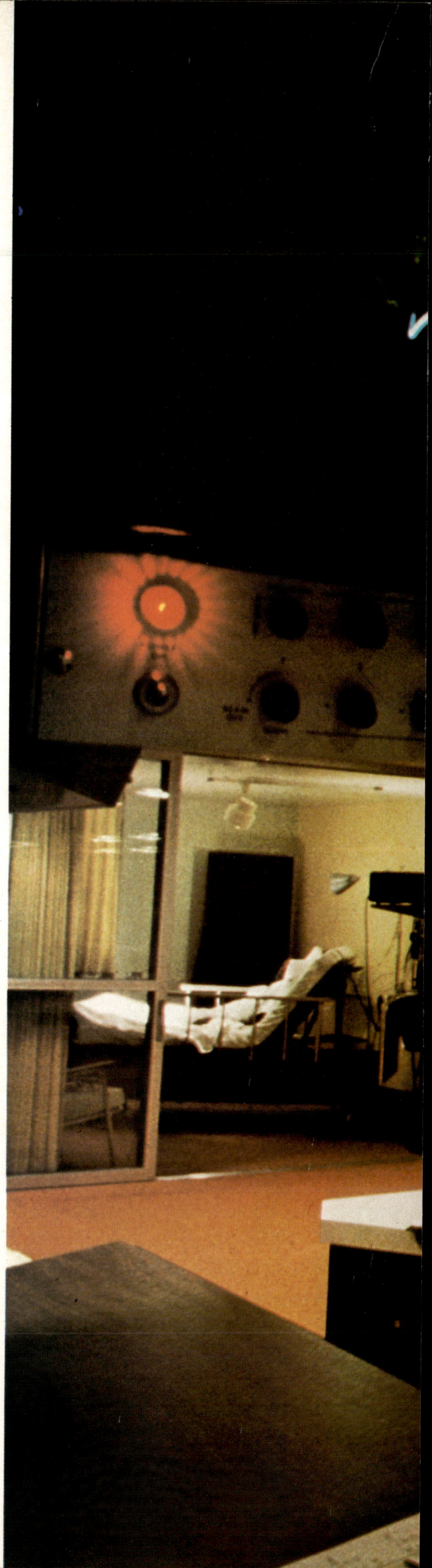

7
8
AMERICAN OPTICAL Company

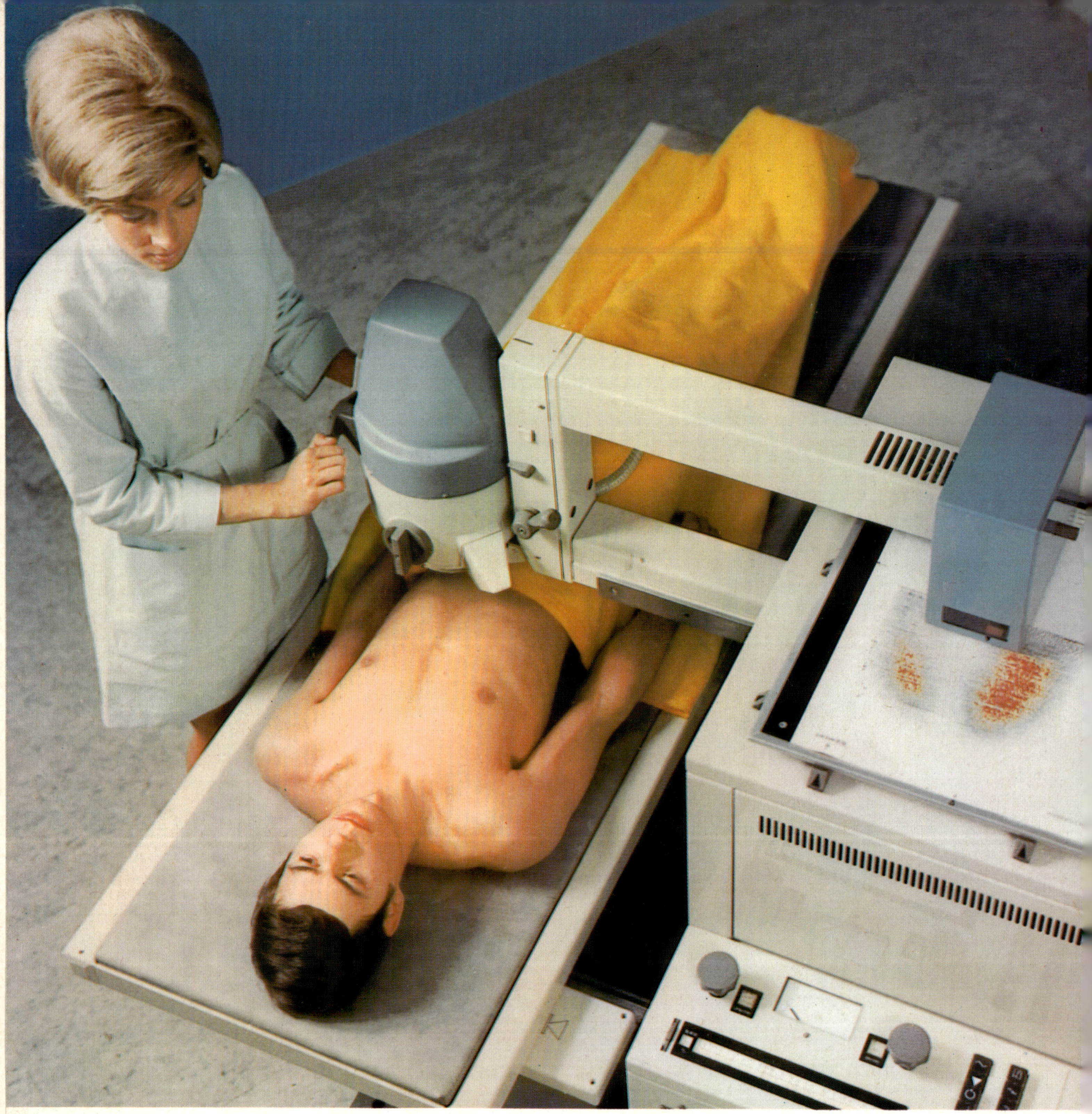

Sustancias radiactivas revelan focos patológicos permitiendo a la medicina desarrollar métodos más eficaces

La medicina nuclear abrió nuevas posibilidades a la técnica diagnóstica, no menos revolucionarias que la invención del microscopio o el descubrimiento de los rayos X. Trabaja con isótopos radiactivos. Sus rayos se pueden medir y fotografiar, pudiendo proporcionar por lo tanto informaciones acerca de las circunstancias existentes en regiones del organismo de difícil acceso.

La base de la medicina nuclear es el conocimiento de que determinados órganos del cuerpo «acaparan» determinados isótopos. El oro radiactivo, p. ej., se acumula en el hígado. El isótopo fósforo 32 prefiere el esqueleto, el cromo 51 los glóbulos rojos. Otros isótopos presentan el fenómeno de «almacenamiento selectivo» en el tiroides, los riñones o el encéfalo, donde revelan las neoplasias malignas en forma de impulsos de especial intensidad. Las zonas «en blanco» indican en cambio mala irrigación de ciertas regiones de los tejidos, p. ej., en el infarto cardíaco.

Las sustancias de prueba contienen material radiactivo en cantidades realmente diminutas —pero bastan para producir el efecto buscado. Por esta razón pueden emplearse métodos nucleares en pacientes que no toleran determinados medios

Exploración de los pulmones mediante la escintigrafía. Los radionucleones (isótopos radiactivos) inyectados al paciente se acumulan en las regiones a explorar según reglas muy concretas. Emiten rayos gama. Una cabeza medidora explora por líneas la región radiactivada. Los impulsos, amplificados, se imprimen en forma de rayitas con diferente densidad de distribución en papel especial, si se desea, en color. El especialista (radiólogo) puede diagnosticar de ahí determinadas enfermedades y extraer información general sobre los pulmones.

de contraste radiológico. Tras la inyección de la sustancia experimental se miden y registran con detectores electrónicos hipersensibles los rayos gama emitidos por los isótopos. Esas sustancias (radiofármacos) o tienen tiempos de semidesintegración muy cortos, por lo que desaparecen enseguida del organismo, o bien son radionucleones, que el cuerpo elimina con rapidez.

De los dos métodos principales es la escintigrafía el que más se emplea. Consiste en explorar con una radiosonda móvil el órgano en cuestión una vez que se ha administrado el radiofármaco. La sonda transmite los impulsos amplificados a una impresora que deja en el papel unas rayitas cortas o largas, según la intensidad de los mismos. La escintigrafía permite al médico establecer conclusiones rápidas. La cámara de escintilación trabaja sobre la misma base: transmite sus impulsos a un oscilógrafo donde pueden ser fotografiados. En este caso pueden hacerse varias «fotografías» en rápida sucesión.

El segundo método se encarga de medir la función orgánica. Sigue las huellas de las partículas radiactivas en determinados órganos y no revela su estado sino una evolución cronológica. La duración de esta medición puede ser muy diferente: en el diagnóstico nefrológico pueden observarse los rayos gama hasta durante 30 minutos, registrándose automáticamente en papel cuadriculado las curvas de distribución de la radiactividad. Una fase auricular (corazón), en cambio, dura sólo 0,75 segundos. En este caso, los tubos radiocatódicos valoran y fotografían los impulsos respectivos, que pueden registrarse también en una cinta magnética que queda disponible indefinidamente.

No terminan aquí las enormes posibilidades de la técnica de los isótopos en la medicina biológica. La investigación médica sigue la pista de los medicamentos radiactivos en el cuerpo de los animales de laboratorio para obtener fármacos aún más «selectivos». Los investigadores del cáncer deben a la técnica nuclear novísimos e importantes conocimientos. Los biólogos se esfuerzan con su ayuda en ahondar en los secretos del metabolismo enzimático (y a su través en la microestructura de los organismos). En muchos casos ya se encarga un ordenador de valorar los datos, siempre que se lo haya programado con los valores normales o comparativos tabulados.

La irradiación fuerte no sólo sirve para el diagnóstico; permite también en gran escala el tratamiento de enfermedades. El betatrón de 42-MeV (abajo) es un acelerador de electrones que proporciona a elección rayos X ultraduros o rayos electrónicos de mucha energía, capaces de influir tumores situados a gran profundidad dentro del organismo afectado.
Desde hace algún tiempo se emplean asimismo en la terapia rayos radiactivos (en instalaciones de gamatrón), p. ej., los de los isótopos cobalto 60 o cesio 137.

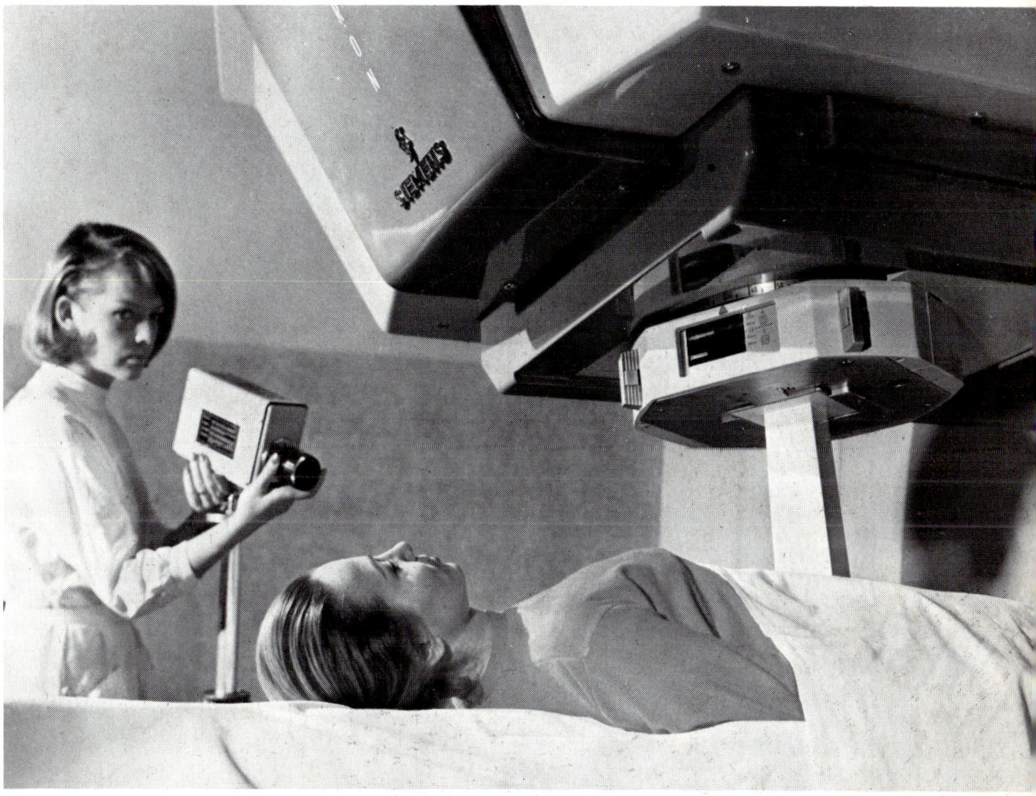

Los marcapasos implantados en el cuerpo humano hacen latir normalmente mediante impulsos estimulantes corazones con trastornos rítmicos. Son «esclavos» de una corriente eléctrica continua (aunque en proporciones diminutas) y para cambiar las baterías se requieren operaciones periódicas. Abajo: La biocélula genera corriente de la reacción de la glucosa propia del cuerpo con oxígeno. No necesita recambio.

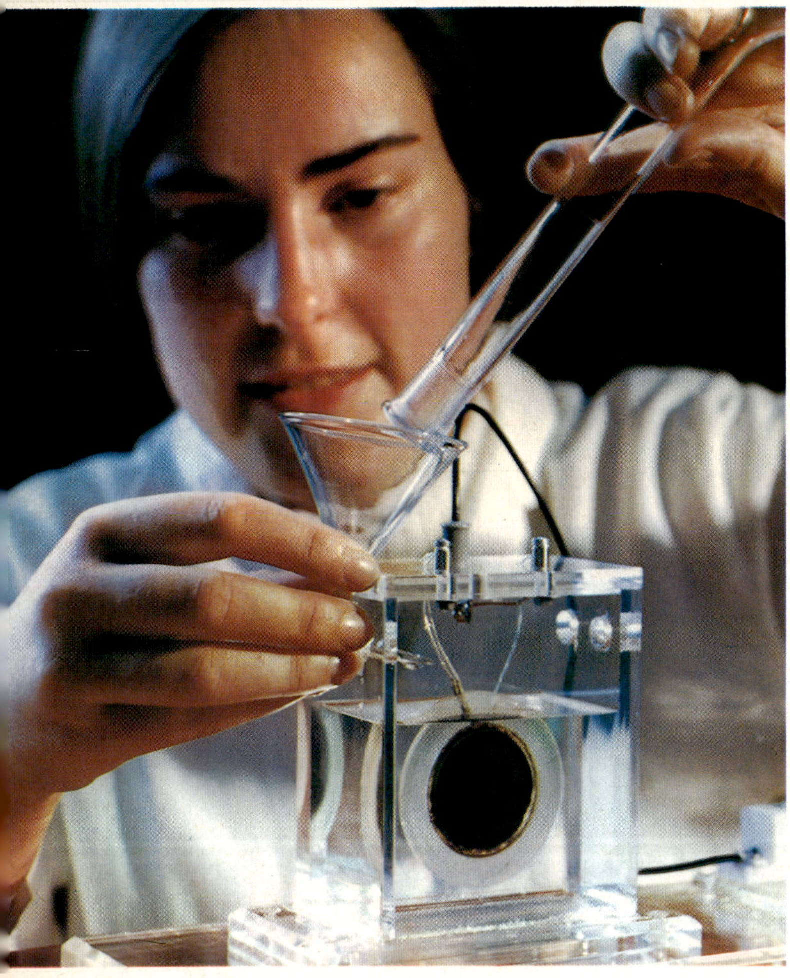

El marcapaso «atómico» trabaja con una batería de isótopos termoeléctrica. El isótopo plutonio 238, encerrado en una cápsula a prueba de irradiación, desprende al desintegrarse energía térmica que transforman 700 termoelementos en energía eléctrica. Dura su funcionamiento unos diez años, después de lo cual hay que cambiarlo.

Del electrocardiograma a la biotelemetría: electrónica en la medicina

El electrocardiógrafo constituye uno de los métodos más importantes para el diagnóstico médico. Es un amplificador muy sensible, de tubos o transistores, que aumenta miles de veces los impulsos de las corrientes cardíacas captadas mediante electrodos colocados en distintas partes del cuerpo y transmitidas a un registrador que traza el electrocardiograma. En los zigzags resultantes el médico puede «leer» si existe o no una lesión del miocardio.

Trabaja de un modo similar el electroencefalógrafo. Amplifica y mide las corrientes encefálicas y también su resultado es legible en forma de curvas. Hay alteraciones típicas de las mismas que acusan, p. ej., la existencia de epilepsia o de lesiones cerebrales. Otros medios electrónicos miden las corrientes musculares (miógrafo), el índice de oxígeno de la sangre, la irrigación dérmica o los ruidos pulmonares.

Podrían utilizarse también impulsos eléctricos para tratar directamente las funciones encefálicas en los enfermos psíquicos. Hasta ahora hay que introducir electrodos en el cerebro. Tal vez será posible un día estimular o inhibir el cerebro sin intervención quirúrgica desde afuera, p. ej., para nivelar la conducta de enfermos agresivos o impredecibles —se trata de controlar la dinámica afectiva.

El ultrasonido ofrece nuevas posibilidades de investigación. Con el osciloscopio ultrasónico se puede determinar la situación de tumores cerebrales, localizar alteraciones en el fondo del ojo o diagnosticar embarazos —sin recurrir a los rayos X, tan peligrosos para el feto.

La endoscopia (observación interna) da excelente resultado en la exploración del estómago (y de otros órganos accesibles a través de orificios del organismo o de

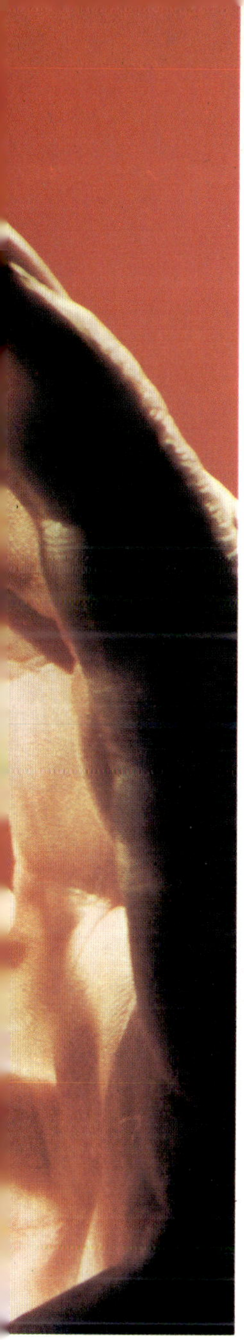

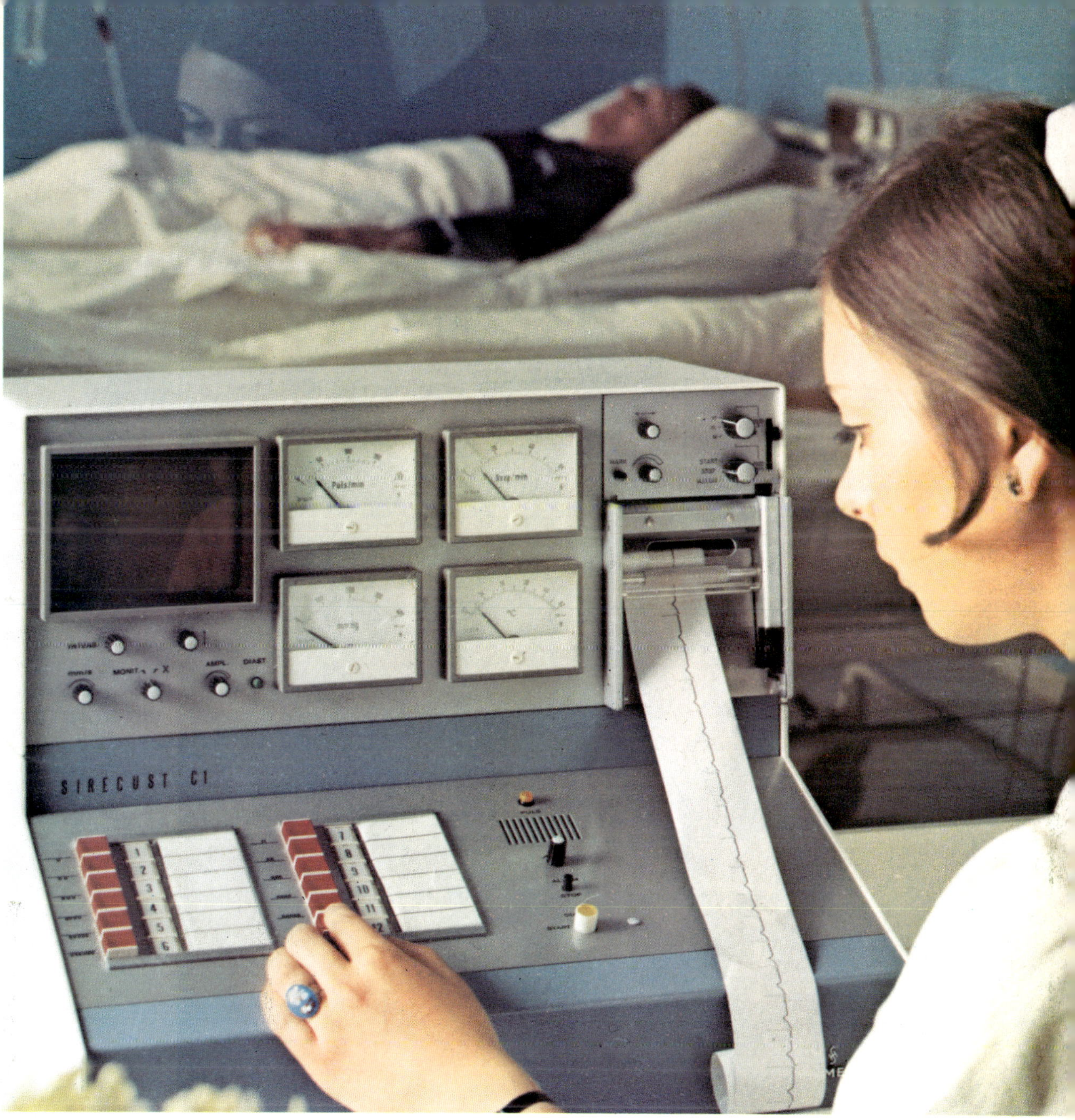

Las salas de vigilancia sirven para la observación continua de pacientes muy graves o recién operados. Biosensores captan los datos de medición de las funciones vitales y las transmiten a los medidores del tablero que atiende la enfermera. Pueden incorporarse computadores para el control y comparación de datos, capacitados también para prescribir métodos de tratamiento y dosificación de medicamentos. En presencia de valores críticos el computador emite una alarma.

incisiones quirúrgicas). Mientras anteriormente se utilizaban en este método tubos delgados y flexibles dotados de un espejo y de un dispositivo de iluminación, existen hoy día cables de fibra de vidrio (fibroscópicos) con los que pueden tomarse (con flash frío) microfotos del interior del organismo e incluso muestras de tejidos. Hay miniemisoras ingeribles que exploran los valores químicos del estómago y emiten los resultados al exterior.

Antes de que se lograse trasplantar corazones humanos dieron que hablar ya los primeros marcapasos, encargados de regular el ritmo cardíaco en determinadas afecciones. Se los implanta en el cuerpo. Como las baterías implantadas requerían nuevas operaciones periódicas para su reposición, se han desarrollado marcapasos con biobaterías alimentadas por el cuerpo mismo y existen ya minicentrales nucleares para hacer funcionar dichos reguladores.

Los enfermos graves son sometidos hoy a la supervisión de instrumentos medidores especializadísimos, que una enfermera puede leer desde su mesa —dan una alarma cuando los valores reales se alejan demasiado de los valores ideales ajustados. Las experiencias logradas con los biosensores en la navegación espacial se dejan sentir claramente en la medicina. Sus frutos han sido especialmente notables en el estudio del funcionamiento del corazón y los efectos que sobre éste tiene la ingravidez, o sea, la gravedad y el vértigo. Así, hoy día es posible almacenar en cintas magnéticas los datos obtenidos (v. gr., diagramas de las corrientes cardíacas) y remitirlos por vía biotelemétrica para su valoración a institutos o a especialistas situados a miles de kilómetros. Se emplean también sistemas telemétricos en el servicio de socorro y en el salvamento de náufragos.

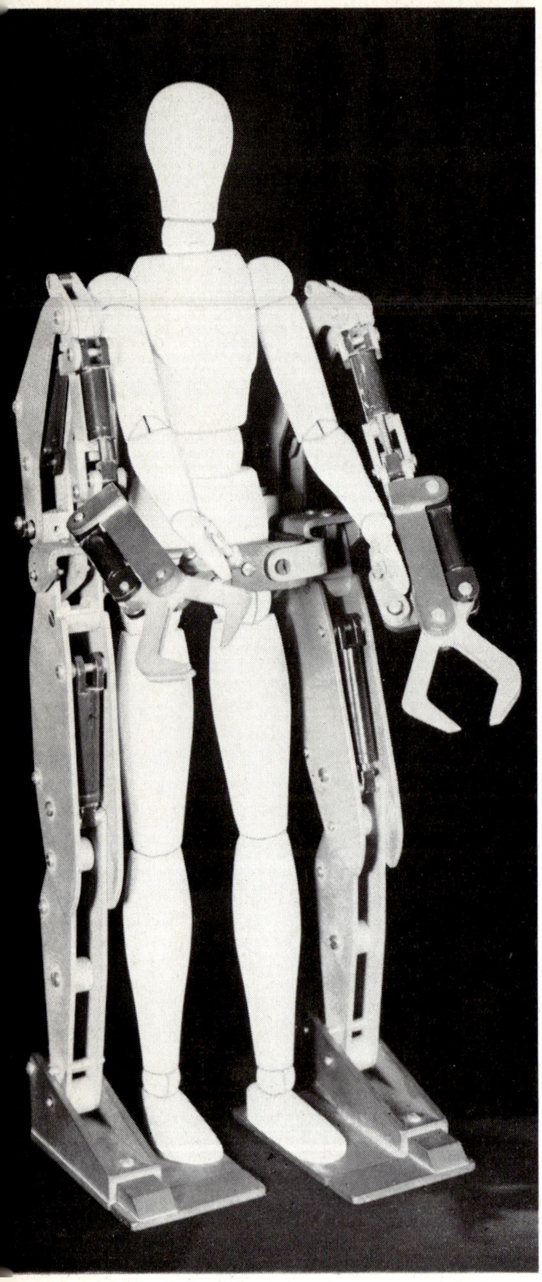

El «Syntelmann» es un esclavo mecánico inanimado aunque muy eficiente y polifacético, capaz de imitar con precisión por mando electrónico remoto los movimientos de su «amo» humano. Sabe sostener una flor o encender un cigarrillo. Las tres fotos de la derecha nos lo presentan en plena acción. Su «amo» lo dirije de lejos sobre un esqueleto externo estable.

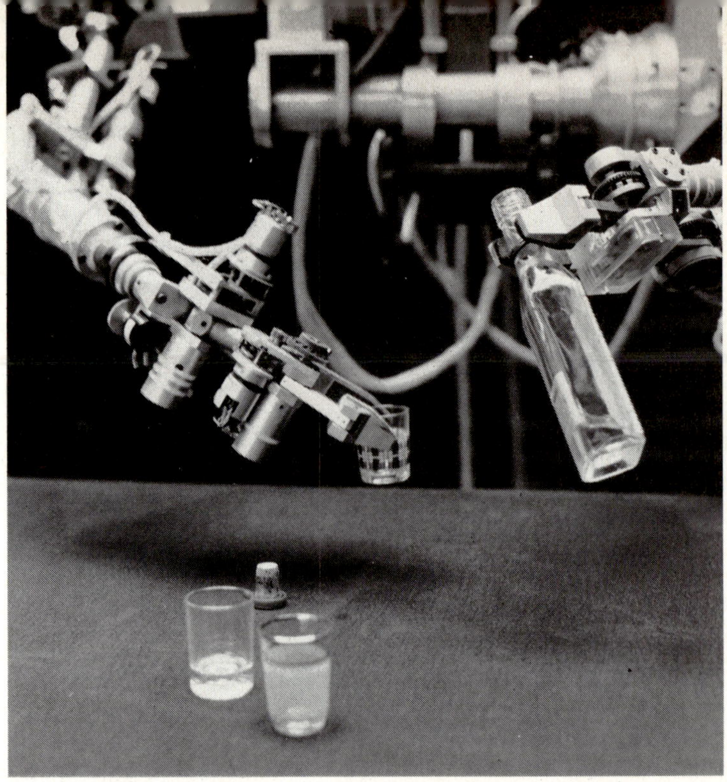

El robot «Hardiman» es un dispositivo para reforzar la fuerza muscular humana. Lo maneja un hombre, sustituido aquí por un maniquí. A control electromecánico, «Hardiman» ejecuta los mismos movimientos que su «timonel».

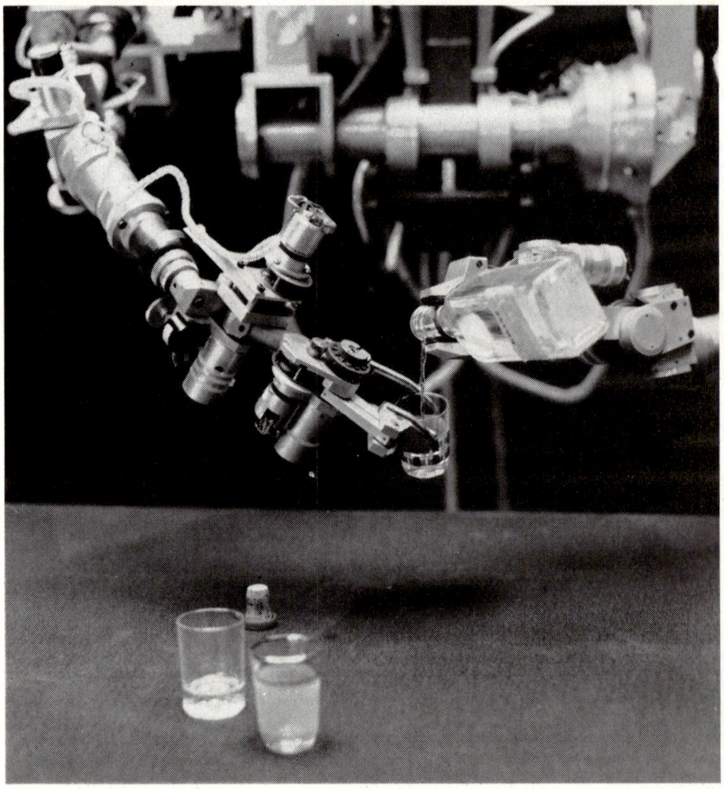

Cada día resultan más importantes los «repuestos» para el cuerpo. La química y la electrónica trabajan en colaboración

La discusión acerca de los pros y contras de los trasplantes de corazón dista mucho de amainar. Aumentan los votos en contra de este método como solución definitiva del problema de la supervivencia de los casos cardíacos graves. Pero al lado de los espectaculares informes procedentes de Ciudad del Cabo o California, no hay que olvidar que los métodos de trasplante se han impuesto desde hace mucho tiempo en otros campos de la medicina y resultan hoy ya indispensables dentro de la cirujía.

En todas partes del mundo hay bancos de huesos y tejidos en los que se conservan en condiciones especiales «piezas de repuesto» para el día en que puedan salvar o restaurar una vida humana. Los huesos, p. ej., pueden conservarse mediante frío o en plásticos. También se ha demostrado la posibilidad de emplear la liofilización.

Entretanto aumenta el número de las piezas «de repuesto» a base de plástico, cerámica o metal. Se sustituyen o reparan huesos, vasos sanguíneos, articulaciones y válvulas cardíacas. Se ha comprobado que determinados plásticos «encarnan» sin dificultad. En cambio sigue planteando grandes problemas la construcción de órganos enteros. Los problemas no son principalmente de tipo técnico. Existe ya, p. ej., un corazón de plástico de impulsión atómica, construido por el ingeniero norteamericano Robert Harvey, que adapta automáticamente su función de bombeo a la actividad del hombre. Pero con esto no se ha logrado sustituir un órgano natural enfermo por otro artificial. Se trataría más bien de integrar de tal modo el órgano «de repuesto» en el cuerpo humano que se pudiese adaptar al sinnúmero de sus circuitos reguladores. Esto es posible sin duda pero requiere un volumen técnico incompati-

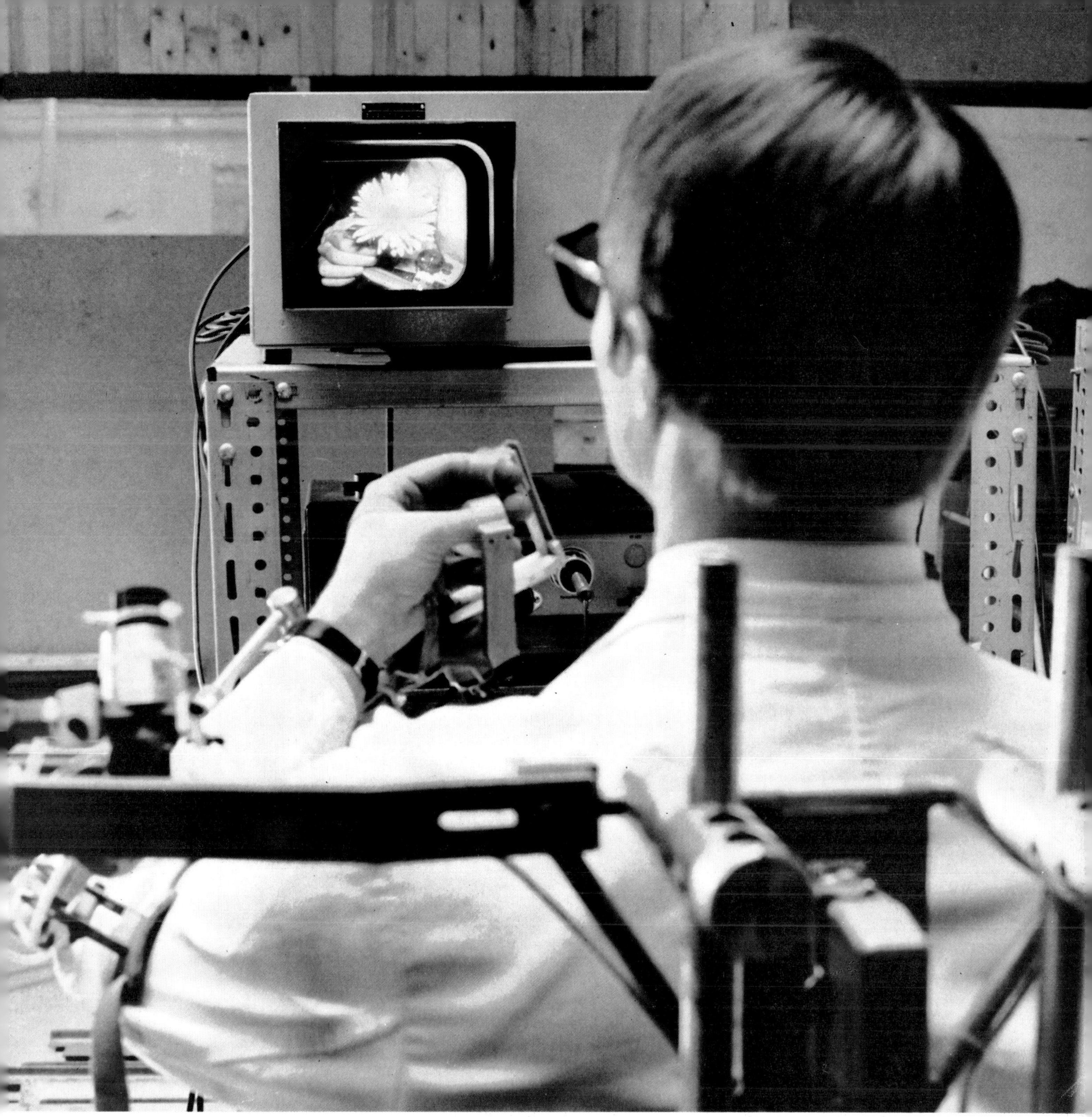

ble por ahora con las dimensiones del cuerpo humano.

Han avanzado mucho los trabajos y perfeccionamientos en los medios auxiliares técnicos. Hay audífonos para sordos incorporados a las patillas de las gafas o que pueden ocultarse detrás de una oreja. Esta miniaturización se apoya en la microtécnica probada en los computadores y en la navegación espacial. Existen también ayudas visuales para ciegos a base de radar o de ondas ultrasónicas; están por supuesto aún «en pañales» al igual que las sillas de ruedas con mando «óptico» que algún día podrán ayudar mucho a los lisiados. El principio del mando óptico procede también de la navegación espacial; se desarrolló en un momento en que no se sabía a ciencia cierta cómo podrían moverse los astronautas a las enormes aceleraciones de partida ni en el espacio ingrávido.

También constituyen maravillas de la mecánica de precisión y la electrónica las prótesis de extremidades de hoy día. En la URSS se han desarrollado «biobrazos» cuyos músculos de acero reaccionan ante los impulsos nerviosos.

Las diferentes técnicas para imitar las funciones de los órganos y partes del cuerpo humano han llevado a considerar la posibilidad de construir hombres «artificiales» —p. ej., para trabajos en las condiciones extremas del cosmos o del fondo del mar. Existen planos para un «hombre de organismo cibernético» (cyborg), combinación tipo-hombre de computadores y circuitos reguladores, para el esclavo-máquina Syntelmann, manejado por un hombre o para un organismo de circuito cerrado, denominado por su inventor, Dandridge Cole, el «Closed Cycle Man».

Estos planes no dejan de tener sus problemas.

17

La electrónica y sus componentes

La técnica no había sido nunca un fin en si. Había servido siempre a un único objetivo: mejorar las condiciones de vida del hombre, sobre todo en el siglo pasado. Todos hemos comprobado sus efectos positivos y también los negativos. Nunca el hombre dependió de la técnica como hoy día: en el trabajo, en el tráfico, en el abastecimiento de energía, en el ocio. Pero nunca como en nuestros días, el hombre le debía tantas ventajas personales a la técnica. El hombre de los umbrales del siglo XXI se halla realmente «enredado» en la técnica; constituye un símbolo este hombre que vemos trabajar en una cámara fría (foto).

influencia en la gente, acarrea
graves desventajas. El hombre p
una disminución de su libertad
vio existencial logrado a base d
res técnicas. Cada día se aleja
su propio yo. Es completa su e
esa criatura suya que es la técn
máquinas determinan su horario
bajo —y sus horas de ocio.
Se reprocha también a la técnica
traído consigo cambios sociales
hijos son incapaces de digerir —
la comunidad de individuos ha h
masa y que ha sustituido la cal
la cantidad y que con su omn
contacto ha robado al hombre c
cultad de conocerse a sí mismo, la

La técnica no es b
ni r
es sólo lo que el h
ha hecho de ella

Superabundancia de mercan
supermercado, símbolo de la
sociedad de consumo en la q
mayoría de la gente «le va bie
Consideramos hoy como «de
la existencia de mercancías
mundo a precios asequibles.

Indice de materias
Indice
Documentación fotográfica

Indice

(Las cifras en *cursiva* remiten a una ilustración)

Documentación fotográfica

Fotos en color

Anthony Verlag, Starnberg: 198
Asbach & Co., Rüdesheim: 132-133
BASF, Ludwigshafen: 28, 102-103, 106-107, 109 b, 110-111 r, 118-119, 119 r-b
Wilfried Bauer, Hamburgo: 20-21
Bavaria-Verlag, Gauting: 78, 79, 176 r
Biblioteca del estado, Berlín: 18, 19, 165
Ilse Collingnon, Munich 179
Correos federales alemanes, Central de Telecomunicaciones, Darmstadt: 173 b
Daimler-Benz AG, Stuttgart: 62-63
Degussa, Frankfurt: 80, 88, 106 r, 123 b
Demag Ag, Duisburg: 65 b, 66 r-b, 68 b, 76-77, 124
dpa, Frankfurt: 25
Dunlop AG, Hanau: 116 r
Freelance, Nueva York: 48, 49 r, 200-201
Dr. René Gardi, Berna: 6-7
General Electric, Frankfurt: 58
Gesamtverband Steinkohle, Essen: 30 b
Roland M. Gööck, Regensburg: 88-89
Gutehoffnungshütte AG, Oberhausen: 68-69
Holmes-Lebel Photo, París: 26-27
Thomas Höpker, Munich: 22-23 r, 108-109, 184 b
Horst von Irmer, Munich: 104-105 b
Manfred Kage, Instituto de fotografía científica, Weissenstein: 79
Fried. Krupp, Essen: 56 b
Wolfgang Kunz, Hamburgo: 112-113
Laenderpress/Magnum, Düsseldorf: 164 r
Landis & Cyr, Zug: 181 r
J. Leviton, Atlanta: 122-123
Leybold-Heraeus & GmbH Co. KG, Colonia: 115
Lurgi GmbH, Frankfurt: 24, 24 r
Magnum Photos, Nueva York: 19 r, 29 r, 30-31, 42-43 b, 180-181, 186-187
Instituto de la Margarina, Hamburgo: 134 b, 135
Mauritius-Verlag, Mittenwald: 71, 72-73, 138-139
Instituto Max-Planck de Física Extraterrestre, Garching: 44-45 r
Instituto Max-Planck de Física del Plasma, Garching: 33 r, 44-45 c, 46 r, 47
Messerschmitt-Bölkow-Blohm, Munich: 92 b
NASA, Washington 90-91, 93
Photo Research, Alejandría: 38-39, 40-41 b, 42-43 r, 78, 98-99 r, 125 r, 130, 130-131, 137 r, 140 r-b, 164 b, 182 r, 183, 184, 185, 196-197
Poggenpohl/Colani, Herford: 120-121
Rieter AG, Winterthur: 84, 85 r
roebild, Frankfurt: 81, 170, 171
Salmer, Barcelona: 98
Scala, Antella, 8, 12-13, 14-15
Schnell & Steiner Verlag, Munich: 9
Arthur Shay, Nueva York: 131
Siemens AG, Munich: 22, 23 b, 32 r, 36-37, 43, 45, 48 b, 52 b, 57 b, 147, 153, 154 b, 157, 158, 159 r-b, 160-161, 162-163, 189 r-b, 190-191, 192, 192-193, 193
Archivo Stern, Hamburgo: 10, 11 b (Kunz), 64 bi -d (Ullal), 202 ri (Seliger), 202-203
Time Inc., Nueva York: 16-17, 22, 50-51, 55, 126-127, 150-151, 156 i, 174-175, 188-189 r
UPI, Frankfurt: 97
USIS, Bad Godesberg: 96-97, 101 r
Verlagsgruppe Bertelsmann/Klubescheidt, Gütersloh: 178 i
Weltbild-Dia Löppert, Munich: 10-11 r
Ludwig Windstosser, Stuttgart: 29 b, 67, 74-75, 83, 84 b, 86-87, 87, 109 r, 144
ZEFA, Düsseldorf: 18 r, 36 bd, 59 r, 64 bc, 64-65, 70, 114, 129, 142-143, 148, 149, 149, 167 ri-rd

Fotos en blanco y negro

AEG-Telefunken, Frankfurt: 48-49 b, 166, 173 r
AP, Frankfurt: 24 i
BASF, Ludwigshafen: 104, 104-105 r
Bayernwerk AG, Munich: 36 bi
BP AG, Hamburgo: 85 b
Instituto de Tecnología de California, Pasadena: 143 b
CERN, Genf: 40-41 r
Chemische Werke Hüls, Marl: 125 b
Ilse Collingnon, Munich: 49 r
Correos Federales Alemanes, FTZ, Darmstadt: 172-173 r
Daimler-Benz AG, Stutgart: 72
Degussa, Frankfurt: 82 bi
Dortmunder Union-Brauerei, Dortmund: 133
dpa, Frankfurt: 40 i
Entwicklungsgruppe für Urbanik, Munich: 24-25 b
Museo Germánico, Munich: 12 (5 Aufn.), 42 i
Glanzstoff AG, Wuppertal-Elberfeld: 120 r
Archivo Gööck, Bachmühle: 12
Hengstenberg, Esslingen: 132, 133
Historia Photo, Bad Sachsa: 11, 14 c, 60 r
Thomas Höpker, Munich: 200
IBM, Sindelfingen: 169 b
Instituto de microscopia aplicada: Karlsruhe: 116 b
Fried, Krupp, Essen: 145
Instituto Max-Planck de Física del Plasma, Garching: 141
Messerschmitt - Bölkow - Blohm, Munich: 98-99 b
Photo Research, Alejandría: 201
roebild, Frankfurt: 300, 86 i, 117, 120 b, 128 r
Johann Schütten, Rheinkamp-Utfort: 128 b
Standard Elektrik Lorenz AG, Stuttgart: 155 b
Siemens AG, Munich: 32 b, 33 b, 37 d, 53, 68, 75 r-b, 110 bi, 110-111 b, 136, 146 (3 Aufn.), 149 r, 152 r-b, 155 r, 156 d, 160 bi-bd, 161 bi-bd, 167 b, 168, 169 r, 176 b, 178 d, 181 b, 184 r, 188 (3 Aufn.), 191
Staatsbibliothek, Berlín: 14 i-b, 20 ri-rd, 41 d
Archivo Stern, Hamburgo: 34 (Scheler), 60-61 (Anders), 92 r, 137 b (Ebeler), 144 bd, 176-177, 194 i, 194 rd-ri (Grohe), 195 (Grohe), 198-199, 202 bi
UPI, Frankfurt: 144 bi
USIS, Bad Godesberg: 96
Verlagsgruppe Bertelsmann/Klubescheidt, Gütersloh: 82 bd
J. M. Voith GmbH, Heidenheim: 35 b, 56 r,
Dr. Wolff & Tritschler, Offenburg: 52 r, 60 bi, 123 r